66일
공부머리
대화법

스스로 질문하고 배우고 깨닫는 아이로 키우는
하루 한 문장 부모 대화의 비밀

66일
공부머리
대화법

김종원 지음

카시오페아
Cassiopeia

부모의 말이 차원이 다른
배움의 깊이를 결정합니다

여기 놀라운 인생을 살았던 한 사람을 소개합니다. 미국 하버드 로스쿨을 졸업, 재학 시절 하버드 로리뷰의 흑인 최초 편집장으로 활동, 로스쿨 졸업 후에는 민권 변호사로 일하였으며 시카고 대학교 로스쿨에서 교수로도 활동했습니다. 이게 끝이 아닙니다. 이후 일리노이주 의회 상원에서 3선하였고, 마침내 2008년 11월 대통령 선거에서 압도적인 표차로 당선되어 제44대 미국 대통령으로 취임하였죠. 그리고 2009년에는 무려 노벨 평화상을 수상하기도 했습니다. 이 화려한 이력의 소유자는 과연 누굴까요? 맞아요. 그의 이름은 버락 오바마Barack Obama, 여러분이 알고 있는 그 사람입니다.

보통 사람은 살면서 하나도 하기 힘든 이 모든 일들을 다 해내기 위해서는 공부머리가 필요합니다. 하지만 이 공부머리는 단순히 공부를 잘하는 능력만을 이야기하는 것은 아닙니다. 바로 끈질긴 노력과 어떤 일에든 깊이 파고들 줄 아는 힘, 자신이 어떤 것을 할 수 있는지 스스로 판단하고 생각하며 결국 해내는 능력입니다. 네, 그렇죠. 차원이 다른 '배움의 깊이'가 필요합니다.

저는 그의 인생을 연구하며 그의 공부머리가 어머니의 말에서 시작했다는 사실을 발견했습니다. 중요한 것은 오바마만 그런 게 아니라, 유명한 철학자든 과학자든 이름난 기업의 대표든 지식인이든 그 밑바탕에는 항상 부모의 말이 있었고, 그 말을 통해 아이는 자신의 공부머리를 키우고 또 발전시켜 나갔다는 겁니다. 우리가 잘 아는 지성인들의 부모는 아이에게 다음 6가지의 말을 일상에서 반복해서 들려주었습니다.

1. 스스로 배우고 깨닫는 아이로 키우는 말

2. 지적 호기심을 자극하고 공부의 재미를 알게 해주는 말

3. 집중력과 기억력을 높여 주는 말

4. 시간 관리 능력과 공부 습관을 길러 주는 말

5. 사고력과 이해력을 키우는 말

6. 자신감을 잃지 않고 끝까지 공부하는 아이로 키우는 말

그리고 이 6가지 말은 『66일 공부머리 대화법』의 목차와 일치합니다. 다시 말해서 이 책은 여러분의 아이에게 공부머리를 심어줄 수 있는 가장 좋은 지적 수단이 될 것입니다. 그것도 단 66일 만에 말이죠.

다시 오바마의 이야기로 돌아가 보겠습니다. 오바마의 어머니는 어린 오바마에게 어떤 말을 들려주었을까요? 12살의 오바마가 학교에서 친구들을 못살게 굴며 소란을 피우고 돌아온 날, 어머니는 그에게 차분한 음성으로 이렇게 이야기했습니다.

"세상에는 자기만 생각하는 사람이 있어. 자기가 원하는 것을 차지할 수만 있다면, 다른 사람들에게 무슨 일이 생겨도 신경 쓰지 않지. 그들은 자신이 가장 중요한 사람인 것처럼 보이기 위해서 남을 깔아뭉갠단다. 하지만 그 반대인 사람도 있어. 그들은 남들이 어떤 고통과 슬픔을 느끼는지 상상할 수 있어서, 친구들에게 상처 입히는 말과 행동을 하지 않으려고 노력하지."

그리고 결정적으로 그녀는 이런 말로 지성의 마침표를 찍었습니다.

"자, 그렇다면 너는 앞으로 어떤 사람이 되고 싶니?

가서 책을 읽으렴. 다 읽고 엄마에게 뭘 배웠는지 말해 줘."

흔들리는 아이의 삶을 바꿀 매우 놀라운 말이었습니다. 어린 오바마는 어머니의 이 한마디 말을 통해서 다음에 소개하는 5가지 질문에 대한 답을 스스로 판단하고 깨닫게 되었습니다.

① 진정한 힘이란 무엇인가?

② 올바른 삶이란 무엇인가?

③ 공감한다는 건 무엇인가?

④ 진짜 독서란 무엇인가?

⑤ 기품 있는 태도란 무엇인가?

부모라면 피하고 싶은 바로 그 순간, 아이가 스스로 질문하고 생각하고 판단할 수 있도록 만들었죠. 어머니가 들려준 말을 다시 한번 읽어보세요.

"그렇다면 너는 앞으로 어떤 사람이 되고 싶니?
가서 책을 읽으렴. 다 읽고 엄마에게 뭘 배웠는지 말해 줘."

이 짧은 한마디로 오바마는 자신의 미래를 생각할 수 있었고, 그 미래를 현실로 만들기 위해 필요한 책을 스스로 선택해서 읽었으며, 읽고 깨달은 것들을 어머니에게 설명할 수 있게 되었습니다. 어떤 상황에서든 스스로 배우는 힘, '진짜 공부머리'가 부모의 말로 생겨났던 것이죠.

이 책을 여러 번 낭독하고 필사하다 보면, 여러분도 어렵지 않게 아이들에게 그런 말을 들려주는 지혜로운 부모가 될 수 있습니다. 다만, 아이가 올바른 판단을 할 것이라는 부모의 믿음과 확신을 늘 가슴에 품고 있어야 합니다. 오마바의 어머니가 그랬듯 말이죠.

"나는 네가 누구보다 더
올바른 선택을 할 것이라는
사실을 알고 있단다."

"문제가 생기면 네가 생각하는
최고의 방식으로 해결하렴."

교실 책상 앞에 앉아 있는 모든 아이는 두 종류로 나눌 수 있습니다.

① 그냥 공부하는 아이
② 공부할 줄 아는 아이

같은 것을 같은 공간에서 배웠지만, 하나를 알려 주면 그 하나에서 열을 깨치는 아이가 분명 있습니다. '공부할 줄 아는 아이'가 가진 힘은 크고 셉니다. 배움에 대한 열정이 있어 스스로 계속해서 성장하기 때문입니다. 하지만 그건 타고난 능력이 아닙니다. 다시 말해서 모든 아이가 그런 인생을 살 수 있다는 말이기도 하죠. 단, 아이에게 공부머리를 만들어 줄 수 있는 부모의 말이 필요합니다.

'66일 대화법 시리즈'를 통해 제가 계속 강조했듯, 여러분은 언제든 그 기적을 이룰 수 있습니다. 지금 시작하세요. 66일이면 충분합니다.

차례

1장
스스로 배우고 깨닫는 아이로 키우는
대화 11일

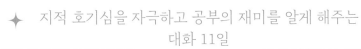

2장

✦ 지적 호기심을 자극하고 공부의 재미를 알게 해주는 ✦
대화 11일

3장
집중력과 기억력을 높여 주는
대화 11일

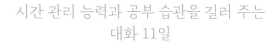

4장

시간 관리 능력과 공부 습관을 길러 주는
대화 11일

5장
사고력과 이해력을 키우는
대화 11일

6장

✦ 자신감을 잃지 않고 끝까지 공부하는 아이로 키우는 ✦
대화 11일

1장

스스로 배우고 깨닫는
아이로 키우는
대화 11일

아이에게 먼저 '생각을 멈추는 법'을 알려 주어야 하는 이유

보통 우리는 열정적으로 여기저기를 뛰어다니거나 멈추지 않고 질주하는 모습을 보며 바쁘게 살아간다고 말합니다. 하지만 그게 교육에서 꼭 좋은 것만은 아닙니다. 멈추어서 하나를 오랫동안 관찰하고, 그 안에서 자기만의 사색의 결과를 찾아내는 과정이 바로 공부의 본질이기 때문이죠. 제가 알려 드리고 싶은 건 바로 이것입니다.

"한 공간에서 가만히 머물러 있는 아이는
아무것도 하지 않고 멍하니 있는 게 아닙니다.

오히려 정신 없이 뛰어가는 아이가

별 생각이 없는 것이라 말할 수 있고,

오랜 시간 멈추고 머물러 있는 아이는

멈출 가치를 발견하고 스스로 배우며

깊이 깨닫고 있다고 볼 수 있습니다."

부모가 순간순간 적절한 말로 아이를 자주 멈출 수 있게 해 준다면, 아이는 일상에서 스스로 생각하는 힘을 자연스럽게 기를 수 있습니다. 누가 가르쳐 주지 않아도 세상이 전하는 가르침을 내면에 담으며 살아갈 수 있죠.

부모는 아이를 가르치는 사람이 아니라, 스스로 배울 수 있도록 멈추는 시간의 가치를 알려 주는 사람입니다. 생각을 잠시 멈추는 것에는 분명 큰 가치가 있다는 사실을 분명히 아셔야 합니다. 부모는 자신에게 있는 것만 아이에게 전할 수 있습니다. 모르는 것과 없는 것은 알 수 없으니, 아이에게 줄 수도 없습니다. 부모가 먼저 생각을 멈추는 것의 가치를 알아야 하는 이유입니다.

이 말을 꼭 전하고 싶습니다. 인문학의 끝이 소중한 사람에게 예쁘게 말하는 것이라면, 육아의 끝은 자기계발입니다. 아이가 살아갈 인생은 결코 부모가 가진 크기를 넘을 수 없기 때문입니다. 여기서 중요한 사실은 아이를 위해서도 부모의 크기가 커져야 하지만, 부모 자신의 삶을 위해서도 늘 배우며 성장하는 하루를 보내야 한다는 것이죠. 그 삶을 시작할 수 있는 말을 알려 드립니다.

다음에 소개하는 말을 아이에게 적절히 전하며, 우리는 왜 멈추어야 하고, 거기에서 무엇을 볼 수 있는지를 말해 주세요.

"여기에는 또 뭐가 있을까?"

"저 기계는 어떤 원리로 움직이는 걸까?"

"사람들은 왜 이 노래를 좋아할까?"

"드라마에서 유독 저 사람만
사람들의 사랑을 받는 이유는 뭘까?"

"오늘 햇살은 어제의 햇살과 뭐가 다를까?"

"밥을 먹지 않아도 살 수 있게 되면,
세상은 어떻게 변할까?"

"좋은 일이 생기면 왜 웃음이 나는 걸까?"

"부모는 왜 자식을 사랑하는 걸까?"

"좋은 영어 번역기가 이미 나와 있는데,
굳이 영어를 배우는 이유는 뭘까?"

"같은 말도 다르게 들리는 이유는 뭘까?"

"기품이 있는 말과 아닌 말은 뭐가 다를까?"

"오늘 가장 기억에 남는 순간은 언제였어?"

공부란 모르는 것을 알게 되는 게 아니라, 먼저 '모른다'라는 사실을 스스로 깨닫는 일입니다. 이미 주변에 존재하지만 그 가치를 몰라 발견하지 못한 것들을, 일상의 곳곳에서 멈추어 서서 들출 용기와 희망을 주는 일입니다. 아이를 교육하는 것이 단지 가르치는 일이라고만 생각하면 일상은 삭막해지고 아이는 단순히 배우는 기계가 됩니다. 교육의 방향을 엉뚱하게 잡으면 아무리 노력해도 그 끝에서 우리가 만나는 감정은 절망과 고통이 될 수밖에 없습니다. 위에 소개한 말을 통해 공부에 대한 깨달음을 얻었다면, 그 깨달음을 바탕으로 새로운 방향을 잡아주세요. 그리고 아이와 함께 말로 나누는 시간을 가지시길 바랍니다.

아이의 뇌가 자라나는 시기에 들려주면 좋은 부모의 12가지 말

아이의 뇌는 대부분 출생한 이후에 발달하기 시작합니다. 쉽게 말해서 신생아의 뇌는 아직 미완성인 상태이며, 출생 이후에 만나는 환경이 아이의 뇌를 완성한다는 말이죠. 가장 결정적인 역할을 하는 건 역시 부모의 말입니다. 아이의 뇌는 부모의 말을 닮기 때문입니다. 그러므로 아이의 뇌가 급격하게 성장하고 발달하는 시기에 들려주는 부모의 말은 두뇌 개발에 매우 중요한 역할을 합니다. 지금 당장 아이가 듣고 이해하지 못할지라도, 부모에게 들었을 때 그 느낌을 그대로 두뇌에 담고 있죠.

아이의 뇌가 한창 자라나기 시작하는 시기에 들려주면 좋은

12가지 따뜻한 말을 소개합니다. 그전에 여러분이 알아야 할 3가지 포인트도 함께 기억해 주세요.

　① 가장 따스한 마음을 담아 말하기
　② 5단어 이하의 짧은 문장으로 말하기
　③ 아이에게 들려주며 내 마음에도 담기

"우리는 언제나 너를 사랑한단다."

"내게 와줘서 정말 고마워."

"너는 내게 행복 그 자체야."

"네 이름은 언제 들어도 참 좋아."

"서로 사랑하면 힘이 세진단다."

"오늘도 어제처럼 즐겁게 놀자."

"서로를 보며 웃으면 세상도 환해져."

"너는 뭐든 할 수 있어."

"있는 그대로의 네가 좋아."

"오늘은 어떤 근사한 소식이 전해질까?"

"너의 가능성은 네 안에 있단다."

"늘 너에게 예쁜 말만 들려줄 거야."

부모의 말은 아이의 귀를 통해서 뇌로 이동합니다. 듣지 않고 있는 것 같지만 늘 뇌에 담고 있기 때문에, 아이가 세상을 이해하고 배우는 모든 과정에서 중요한 밑바탕이 되죠. 앞으로 주어질 수많은 선택 앞에서 지혜를 모을 자료가 되기도, 지성의 조각이 되어 아이의 삶을 빛낼 근거가 되기도 합니다.

아이는 말을 하기 전에 먼저 '언어'를 배웁니다. 정말 중요한 포인트를 하나 전합니다. 지금 아이는 말을 하지 못하는 게 아니라, 말할 준비를 하고 있는 것입니다. 이렇게 생각하면 순식간에 아이를 바라보는 시선을 바꿀 수 있죠. 지금 부모에게 듣는 한마디가 곧 아이 입에서 나올 말의 수준과 방향을 결정하는 것입니다. 그러니 뇌가 자라는 가장 중요한 시기, 아이에게 먼저 예쁘고 사랑스러운 말을 전해 주세요. 부모가 들려주는 말은 아이가 말을 하기 전 만나는 첫 언어의 세계입니다.

배운 것을 틀리게 말하는
아이에게 해주면 좋은 말들

무언가 새로운 사실을 깨닫거나 배웠을 때, 아이는 가장 먼저 부모에게 달려와 기쁨에 가득 찬 표정으로 그 사실을 전합니다. 가령 이런 식으로 말이죠.

"엄마, 엄마. 이거 맞혀 봐. '신에게는 아직 13척의 배가 남아 있사옵니다'라고 말했던 사람이 누구게?"

맞아요. 아이가 이순신 장군 이야기를 어디에서 들고 온 겁니다. 그런데 조금 이상하죠? 네, 그 부분 맞습니다. 아이들은 늘 뭔가 조금씩 틀려서 알고 옵니다. 그런데 이때 부모의 반응은 매우 도전적입니다.

"에이, 뭐야. 13척이 아니라, 12척이지!"

부모가 오류를 지적하면 아이도 지지 않고 응수하죠.

"아니야. 분명히 13척이야! 내기할까?"

그럼 결국 부모도 마치 운동선수가 승부를 겨루듯 이런 식으로 진실을 경쟁합니다.

"뭐라고? 너, 두고 보자! 네 말이 틀리다는 걸 증명해 주지."

우리 다시 처음으로 돌아가 생각해 봅시다. 아이가 왜 당신에게 찾아왔나요? 그렇습니다. 바로 방금 배운 지식에 대해서 부모와 즐겁게 이야기를 나누려고 왔죠. 아이의 질문은 이것이었습니다.

"'신에게는 아직 13척의 배가 남아 있다'라고 말했던 사람이 누굴까요?"

아이가 원하는 건 정확한 사실이 아니라, 공감과 소통입니다. 아이가 묻는 건 '누굴까요?'라는 부분이지, '13척'에 대한 사실 여부가 아닙니다. 아이가 보낸 마음이 어떤 지점을 말하는지 제대로 파악하는 게 중요합니다. 아이는 방금 깨닫게 된 사실을 부모와 나누며 좋은 시간을 보내고 싶었던 거니까요. 물론 사실을 정확히 아는 것도 중요합니다. 다만 더 중요한 사실이 하나 있지요.

"아이에게 시간이 가면 저절로
알게 되는 것들을 주입하려고,

아무리 시간이 지나도 가질 수 없는
소소한 기쁨을 지우지 마세요."

세상에는 중요한 것이 참 많아요. 그래서 우리는 우선순위를 정합니다. 더 중요한 것이 덜 중요한 것 때문에 뒤로 밀리면 그것보다 안타까운 일도 없을 테니까요. 그러니 자꾸만 아이와 경쟁을 하거나 승부를 겨루지 마세요. 아이는 가장 좋은 것을 함께 나누는 대상이지, 어떻게든 싸워서 이길 대상이 아닙니다. 아이와 나누는 일상이 전투는 아니잖아요. 게다가 아이가 원하던 대답 '이순신 장군'을 먼저 답한 이후에 얼마든지 '12척'이라는 사실도 전할 수 있으니까요. 공감 이후에 사실을 전하는 건 쉽지만, 사실 전달 이후에 공감해 주는 건 어렵죠.

사실을 제대로 알려 주는 것도 특별한 언어가 필요합니다. '강압의 언어'가 아닌 '참여의 언어'를 사용하는 게 좋습니다. "에이, 뭐야. 13척이 아니라, 12척이지!"라는 언어는 강압적으로 지식을 주입하는 표현입니다. 질문을 통해 이렇게 바꾸면 아주 쉽게 '참여의 언어'를 사용할 수 있죠.

"와, 그렇구나! 정말 '13척'으로 적을 이겼는지, 우리 함께 찾아볼까?"

아이가 틀렸다는 사실을 먼저 알리지 않고, 함께 자세한 내용을 살펴보자는 제안을 통해 아이가 알고 있던 정보를 스스로 수정하게 하는 것이 더 아름답습니다. 잘못된 사실을 스스로 인지하고 그걸 수정하는 경험은 부모가 줄 수 있는 가장 귀한 교육입니다. 학교나 학원에서도 충분히 할 수 있는, 순서를 정하고 줄을 세워서 판단하는 일을 굳이 집에서까지 할 필요는 없습니다. 세상은 우리 아이에게 큰 관심이 없습니다. 부모만이 아이를 위해 조금 더 기다릴 수 있고, 더 좋은 과정을 고민할 수 있습니다. 그 귀한 가치를 놓치지 말아요.

3살 이후에 매일 들려주면 똑똑한 아이로 성장하는 부모의 7가지 말

3살 이후에는 아이가 이전보다 말을 듣지 않기 시작합니다. 이건 나쁜 현상이 아닙니다. 말을 듣지 않는다는 것은 자신의 생각이 분명하다는 사실을 증명하는 거니까요. 그래서 이 시기부터는 부모의 말이 더욱 달라져야 하고 좀 더 지혜롭게 구사해야 합니다. 아이가 자기만의 생각을 하고 그것을 주장하는 삶을 시작하는 시기이기 때문에, 부모의 말을 통해서 모든 재능이 크게 성장할 수도 반대로 그렇지 않을 수도 있으니까요. 똑똑한 아이로 성장하게 돕는 부모의 7가지 말을 소개합니다. 잘 읽고 적용해 주세요.

1. "잘한다"

부모가 '잘한다'라고 말하면 아이는 정말 잘하게 됩니다. 잘한다는 말은 아이가 가진 재능을 모두 끌어들여 아낌없이 활용하게 만드는 기적의 말인 셈이죠. 아래에 있는 말을 자주 활용해 주시면 아이도 힘이 나서 재능을 마음껏 펼칠 수 있습니다.

"정말 잘한다."

"와, 그것도 잘하는구나!"

"거봐, 역시 잘한다니까."

2. "기대된다"

부모가 '기대된다'라고 말하면 아이는 스스로 자신의 내일을 기대하게 됩니다. 기대는 성장으로 가는 관문입니다. 자신의 가능성을 기대할 수 있어야 아이는 움직일 가치를 느끼기 때문이죠. 기대된다는 말을 통해 아이가 생각하고 움직일 가치를 깨닫게 해주세요.

"네가 시작하면 늘 기대하게 되네."

"언제나 너의 내일을 기대해."

"그 일의 미래가 기대된다."

3. "다르다"

부모가 '다르다'라고 말하면 아이는 남과 무엇이 다른지 생각하면서 자신의 개성과 매력을 발전시키게 됩니다. 고되고 힘든 경쟁 속에서 겨우겨우 1등이 되는 것이 아니라, 혼자서 달리는 근사한 길에서 사는 내내 빛나는 독보적인 존재가 되는 거죠.

"네가 하면 언제나 뭔가 달라!"

"같은 레고인데 네가 만든 레고는 달라."

"네가 만들어서 그런지 특별한 느낌이야."

4. "이유가 뭘까?"

부모가 '이유가 뭘까?'라고 말하면 아이의 생각이 점점 깊어집니다. 대상을 파고들며 그 중심까지 도착하는 일상을 매일 보내게 되죠. 창의력과 관찰력이 동시에 자라나며, 매일 무언가를 시작하니 안목과 책임감까지 배우게 됩니다.

"바퀴는 왜 돌아가는 걸까?"

"이 장난감은 어떻게 움직일 수 있을까?"

"이 음식이 매운 이유가 뭘까?"

5. "여기에는 뭐가 있을까?"

부모가 '여기에는 뭐가 있을까?'라고 말하면, 아이는 주변을 관찰하며 생각의 탐험을 시작합니다. 이 말은 공부를 잘하게 돕는 표현이기도 합니다. 같은 공간에서도 다른 것을 발견하는 아이로 만들 수 있기 때문입니다. 그럼 하나를 배우면서도 열을 깨닫게 되죠.

"이 책에는 어떤 이야기가 있을까?"

"이 풍경 속에는 뭐가 있을까?"

"이 빵에는 뭐가 들어 있을까?"

6. "할 수 있어"

부모가 '할 수 있어'라는 말을 들려주면 아이는 불가능 속에서도 '할 수 있는 이유'를 찾는 사람으로 성장합니다. 불가능을 삶의 사전에서 지우고 가능하게 만들기 위한 방법을 생각하는 사람이 되는 거죠.

"좀 더 좋은 방법을 찾으면,
너도 저 무거운 짐을 옮길 수 있어."

"너도 유리컵에 물을 따라서
안전하게 마실 수 있어."

7. "만약 너라면?"

부모가 '만약 너라면'이라는 말을 들려주면 아이는 모든 상황에서 자신을 중심에 두고 생각하는 습관을 갖게 됩니다. 이는 매우 놀라운 결과로 이어지죠. 수많은 상황과 사건의 중심에서 바깥을 바라보며 저절로 수준 높은 안목을 기르게 되니까요.

"만약 네가 이 책의 작가라면

다음 이야기를 어떻게 쓸 것 같아?"
"만약 네가 저 드라마의 주인공이라면
다음에 어떤 대사를 할 것 같아?"

말은 선택입니다. 골라서 쓸 수 있기 때문입니다. 그래서 부모의 말은 부모가 어떤 사람인지를 아이에게 알려 주는 증거이기도 합니다. 한마디로 압축하면 이렇습니다.

"부모는 아이의 성장을 위해 단어를 골라서 써야 합니다."

이 사실이 생각하기에 따라서 무섭기도 하지만, 잘 활용하면 좋은 도구라는 사실이 명확해지죠. 다음 7가지 말을 잊지 말고, 위에 언급한 대로 응용해서 아이에게 자주 들려주세요.

"잘한다."
"기대된다."
"다르다."
"이유가 뭘까?"
"여기에는 뭐가 있을까?"
"할 수 있어."
"만약 너라면?"

놀이하고 있는 아이에게
이렇게 말하지 마세요

아이 성장에서 가장 중요한 것 중 하나는 '놀이'입니다. 잘 노는 아이가 공부에서도 두각을 나타내고, 탄탄한 내면과 자신감 넘치는 태도를 가질 수 있게 됩니다. 단, 조건이 있어요. 언제나 그런 것처럼 모든 잘 노는 아이가 그렇게 되는 것은 아닙니다. 부모에게서 다음 4가지 말을 들으며 노는 아이는 그 시간을 성장의 연료로 쓸 수 없습니다. 그 이유는 아이가 스스로 자신에게 명령하고, 스스로 마음을 다잡고, 스스로 방향을 수정하며, 스스로 가르칠 기회를 갖지 못하게 되었기 때문입니다. 부모가 놀이 중간중간에 이미 아이들에게 다 해버렸으니, 아이는 스스로 할 기회를 박탈 당한 거라고 볼 수 있죠.

온갖 걱정과 비난의 시선을 품고 있는 부모가 혼자서 즐겁게 그림을 그리고 있는 아이에게 다가서면서 불행한 모습을 드러내기 시작하죠. 그때 일어나는 상황과 말을 4가지의 언어로 구분하면 이렇습니다. 추가로 들려주면 좋은 말도 주의 깊게 읽으며 내면에 담아 주세요.

1. 분노한다

"그림 그릴 때 꼭 앞치마 하라고 했지!"

"바닥에 흘린 거 봐 봐! 혼나야겠어."

물론 화가 나는 부모의 마음은 이해합니다. 그러나 같은 말도 이렇게 하면 분노를 지울 수 있어요.

"앞치마를 하면 옷에 묻히지 않고 그릴 수 있지."

"흘리지 않고 그리려면 어떻게 해야 할까?"

2. 가르친다

"에이 그건 아니지, 비율을 봐!

호랑이 다리가 너무 짧네."

"오징어 다리가 몇 개인지 몰라?

가서 찾아보고 다시 그리는 게 좋겠어."

정확한 사실을 그리는 것도 좋지만, 그보다 중요한 것은 아이가 생각한 것을 그리는 과정입니다. 모두가 실물을 똑같이 그린다면 그런 그림에서는 가치를 발견할 수 없을 겁니다. 더 소중한 것이 무엇인지 생각하고, 가르치려는 마음은 잠시 접는 게 좋습니다.

이렇게 말해 주세요.

"배운 게 아니라 네가 생각한 걸 그렸구나.
흥미로운 그림이라 더 멋지네!"
"사실을 그리는 것도 좋지만,
생각한 걸 그리는 것도 가치가 있지."

3. 명령한다

"여기에는 좀 어두운색이 낫겠지?"
"좀 빨리빨리 그려라.
그렇게 해서 숙제는 언제 하려고!"
이런 이야기를 들은 아이는 어떤 생각을 할까요? 바로 이런 것들이죠. "이건 제 그림이라고요!", "자꾸 명령하시려면 차라리 부모님이 그리세요."
이럴 때는 이렇게 말해 주는 게 좋습니다.

"정말 집중해서 그리고 있네.
네가 완성한 그림이 벌써 기대된다."
"이 색은 왜 여기에 쓴 거야?
네가 생각한 이유가 궁금하다."

4. 비판한다
"아무리 생각해도 그림은 네 재능이 아니네."
"사람을 왜 이렇게 못 그리니?"
세상에 못 그린 그림은 없습니다. 그건 평가의 언어가 낳은
못된 생각일 뿐이죠. 이런 방식으로 말해 줘야 아이가 자신의 놀
이 시간을 더욱 근사하게 즐길 수 있습니다.

"사람을 정말 특별하게 그렸네.
너만의 방식이니?"
"그림을 즐기며 그리는 네 모습이
어느 때보다 정말 행복해 보인다."

물론 이미 해 본 말일 수 있습니다. 이렇게 한탄할 수도 있어
요. "다 해 봤죠. 그런데 통하질 않아요." 힘든 마음 이해합니다.
하지만 좋은 언어가 쉽게 통하지 않는다고 그것이 나쁜 언어를
사용해도 된다는 신호는 아닐 겁니다. 나쁜 건 쉽지만, 좋은 것은

언제나 시간이 걸리는 법이죠. 이렇게 대화하며 아이의 놀이 시간을 햇살처럼 빛나게 해주세요. 아이의 모든 것이 무럭무럭 자랄 수 있게요.

자기 주도적인 아이로
자라게 해주는 부모의 말들

누가 시키지 않아도 알아서 공부하는 아이, 즐겁게 공부하며 스스로 성장하는 아이는 부모에게 어떤 말을 들을까요? 이번 글은 통째로 아이와 부모가 함께 낭독하고 필사할 수 있도록 준비했습니다. 자신이 주도해서 배운 것만 내면에 담을 수 있으며, 그런 지식만이 삶을 도울 수 있다는 사실을 기억하며 읽어 주세요.

"공부는 따로 시간을 내서 하는 게 아니야.
24시간 내내 우리는 무언가를 배우고 있지.
지금 이렇게 대화를 나누면서도,

엄마는 너에게서 무언가를 배우고 있단다."

"배움은 누군가 나에게 주는 게 아니야.
배움은 스스로 구하는 자의 몫이지.
구하는 자만이 발견할 수 있고,
자신의 것으로 만들 수도 있어."

"'이제 공부할까!'라는 말은
우리를 자꾸 머뭇거리며 결국 못하게 만들어.
억지스러운 마음이 들어서 그렇지.
하지만 우리는 24시간 온종일 무언가를 배우며
스스로 나아지고 있다고 생각하면 달라지지."

"학교에서 치르는 시험도 마찬가지야.
시험은 높은 점수를 받으려고 하는 게 아니야.
그렇게 접근하면 떨리고 불안해지지.
하지만 이렇게 생각하면 모든 것이
자연스럽고 당당해진단다.
'시험은 그간 내가 스스로 배운 것들이
어느 정도의 수준인지 점검하는 시간'이라고.
또 '더 배울 부분이 어떤 것인지

깨닫는 순간'이기도 하다고 말이야."

"높은 점수는 받고 싶다고 받을 수 있는 게 아니야.
그래서 그런 마음은 자신을 품은 사람을
끝없이 떨리고 불안하게 만들지.
하지만 지금까지 얻은 자신의 지식이
과연 어느 정도의 수준인지 점검하려고 하면,
어떤 시험에서도 진짜 자신의 실력을 보여줄 수 있고
한계를 극복하고 성장할 수 있는 거란다."

"이게 다 널 위해서 하는 거야"라는 말이 아이에게 미치는 부정적인 영향

아이를 향한 사랑은 끝이 없죠. 부모는 자신이 어렸을 때 받지 못했던 것까지 자녀에게 주려고 평생을 분투합니다. 형편은 어렵지만 좋은 학원에 아이를 보내고, 이것저것 다양한 것들을 배우게 하며, 좋다고 하는 곳에 아이를 데려가 함께 경험하며 아이가 멋진 사람으로 성장하기를 바랍니다.

"굳이 왜 그런 것까지 해야 해!"라는 식의 말을 아이가 할 때도 있습니다. 하지만 그때마다 부모의 입에서는 마치 약속이라도 한 듯 이런 말이 나옵니다.

"이게 다 널 위해서 하는 거야."

사실 맞는 말입니다. 지금껏 했던 모든 일들이, 자신이 쓸 것 까지 아끼고 또 아껴서 아이를 위해 선택한 것들이니까요. 하지 만 중요한 건 받아들이는 아이의 생각은 조금 다르다는 사실입니 다. 고통과 슬픔은 언제나 이 부분에서 시작되죠.

"내가 왜 이걸 해야 하지?"
"이건 정말 하기 싫은데.
내 마음대로 할 수 있는 게 없어!"

그러다가 결국 이런 결론에 이르게 됩니다.

"엄마가 정말 싫어!"
"아빠가 사라졌으면 좋겠어!"

이런 최악의 결과가 정말 현실에서 일어납니다. 실제로 수많 은 가정에서 이런 문제로 고민하고 있죠. 아이가 입으로 실제로 말하지 않아도 눈을 보면 늘 분노하고 있다는 사실을 어렵지 않 게 확인할 수 있습니다.

대체 이유가 뭘까요? "이게 다 널 위해서 하는 거야"라는 부 모의 말이 아이에게는 이렇게 들리기 때문이죠.

"내가 더 경험해 봐서 잘 알아!"

"내가 더 살아 봐서 잘 알지!"

"내가 더 많이 배워서 잘 알아!"

"그러니까 너는 내 말만 조용히 들어!"

지금 아이에게 강요하는 수많은 것들은 과연 누구를 위한 선택일까요? 아이를 불행하게 만드는 가장 확실한 방법은 '스스로 생각하지 못하게' 만드는 겁니다. 부모라는 이유로 자신의 생각만 옳다고 주장하는 행위는 아이에게는 폭력처럼 느껴질 수도 있습니다. 이렇게 느낄 가능성이 높아요.

"생각은 내가 할 테니까,

너는 내 말만 들으면 되는 거야."

아이와 나누는 일상에서 분쟁을 없애고 화목한 분위기를 만들고 싶다면, "이게 다 널 위해서 하는 거야"라는 말 대신 이런 식의 말을 자주 들려주시는 게 좋습니다. 아이가 듣기에도 좋은 말이지만, 말하는 부모 자신에게도 듣기 좋은 말이니 자주 들려주시면 서로에게 좋습니다.

"엄마의 의견에 대한 네 생각은 어떠니?"

"멋진 선택을 하려면 어떻게 해야 할까?"

"넌 이 문제에 대해서 어떻게 생각해?"

"우리가 할 수 있는 최선의 선택은 뭘까?"

"아빠는 이렇게 생각하는데, 넌 어떠니?"

"지금 너에게 더 중요한 일은 어떤 걸까?"

"이게 다 널 위해서 하는 거야"라는 말은 물론 아름다운 마음에서 나온 말입니다. 모두가 그걸 알고 있지만, 앞서 말한 것처럼 아이에게는 그 말이 다르게 들립니다. 중요한 건 바로 그 부분이죠. 부모의 '입에서 나온 말'과 아이 '귀에 도착한 말'은 서로 다를 수 있습니다. 제대로 도착하게 말하는 게 중요합니다. 그래서 부모는 전하고 싶은 마음에 가장 맞는 말을 골라서 전해야 하죠. 앞으로는 위에 소개한 말을 통해서 여러분의 마음을 가장 선명하게 전해 주세요.

7~12세 아이에게
'지적인 태도'가 중요한 이유

7~12세는 수학, 언어 등의 학습을 담당하는 두뇌가 가장 활발히 발달하는 시기입니다. 즉 아이의 평생을 결정하는 거의 모든 지적 능력이 발달하는 중요한 때이지만, 이 시기에 대해서 알거나 아이에게 어떤 것들이 필요한지를 제대로 알려 주는 사람은 별로 없습니다.

수학, 과학을 직접 배우고, 거기에 맞는 책을 읽으며 공부하는 것도 물론 중요합니다. 하지만 그런 과정을 통해 우리는 정말 원하는 것을 얻었나요? 아마 그렇다고 쉽게 답하기는 어려울 겁니다. 중요한 건 학습 그 자체가 아니라, 그걸 왜 배워야 하고 자신이 어디에 흥미가 있는지 본질을 깨닫는 것입니다. 이때 '지적인 태도'가 바로 그 본질에 접근하는 데 도움을 줍니다. 아이에게 일상에서 이런 이야기를 자주 들려주시면 좋습니다.

"네가 해야 할 일이 있을 때,
'해야 한다'라고 생각하지 말고
'하고 싶다'라고 생각하면 태도가 달라진단다."

"답이 틀렸다고 너무 실망하지는 마.
수많은 오답이 모여야
정답을 만날 수 있는 거니까."

"스스로 잘했다고 생각한다면,
네 모든 노력은 빛나는 거야."

"더 큰 걱정을 만나게 되면,
어제까지의 걱정은 도토리가 되지.
그저 오늘 하루에 집중하면 되는 거야."

"거대한 산에 걸려서 넘어지는 사람은 없어.
우리를 넘어뜨리는 건 늘 작은 돌이지.

작은 고통의 시간을 매일 견디면,
곧 거대한 산에 오른 너를 만날 수 있어."

"용기는 크게 소리쳐서 얻는 게 아니야.
오랫동안 노력한 사람만이
결국 갖게 되는 보석이지."

"혼자서 다 하려고 너무 애쓰지 마.
가끔은 도움을 청할 줄도 알아야 해.
모든 걸 혼자 다 할 수는 없으니까."

"망설이면 두려움만 커지지.
일단 시작하면 방법이 보인단다."

"자신을 굳게 믿을 때,
우리는 원하는 것을 갖게 되지."

"늘 스스로에게 예쁘게 말해 주자.
자신에게 좋은 말을 들려주는 순간,
우리는 어제와 다른 하루를 살게 되니까."

"네가 매일 주변 사람들의
장점을 찾아낼 수 있다면,
네 주변을 희망으로 채울 수 있지."

"너는 오늘 어떤 걸로
네 하루를 채울 예정이니?"

"정말 포기하고 싶을 때
자신에게 한 번 더 기회를 주면,
더 큰 네가 될 수 있단다."

7~12세는 지적 능력이 완성되는 시기입니다. 이 중요한 시기에 부모가 아이의 지적인 태도를 자극할 수 있는 한마디를 매일 들려준다면 아이의 하루는 달라지기 시작할 겁니다. 어렵거나 낯선 표현이라고 망설이지 마시고, 아이의 능력을 믿고 자주 들려주세요. 아이의 성장을 위해 필요한 건 그것이 무엇이든 가장 중요할 때, 적절하게 그리고 농밀하게 공급해 주는 일입니다. 아이의 지성이 결정되는 골든타임을 놓치지 마세요.

아이를 처음 학원에 보내기 전 반드시 들려줘야 하는 부모의 말

학원을 생각하면 머리가 복잡해집니다. 아이가 어릴 때는 미처 생각하지 못했던 문제가 보이기 시작합니다. 어떤 시기에, 어느 학원에, 얼마 동안 보내야 하는지, 애매한 질문은 많은데 제대로 답해주는 사람은 없습니다. 왜 이런 질문들에 답하기가 힘들까요? 정작 아이에게 필요한 질문을 먼저 하지 않았기 때문입니다. 아무리 오랜 시간 논의하고 결정한 일이더라도, 아이들에게는 학원에 가는 행위가 부자연스럽게 느껴집니다. 짐작하지 못했던 공간이기 때문이죠. 그래서 그렇게 시작한 학원 생활과 그 결과는 좋지 않을 가능성이 높습니다.

학원이 나쁘다고 말하려는 게 아닙니다. 더 생산적으로 활용할 방법을 알려 드리는 겁니다. 아이가 학원에 적응하거나 학원을 제대로 활용하지 못하고, 성적이 오르지 않는 이유는 뭘까요?

① 스스로 선택한 게 아니기 때문입니다.
② 무엇을 배워야 하는지 모릅니다.
③ 현재 자신의 상태에 대한 이해가 부족합니다.
④ 스스로 해 본 경험이 부족합니다.

이 모든 이유 때문에 아무리 좋다는 학원을 오랫동안 다녀도 생각처럼 성적이 오르지 않는 거죠. 그래서 모든 아이는 첫 학원에 들어가기 전에 이런 질문을 먼저 받는 과정이 필요합니다.

"네가 혼자서 한번 해 볼래?"

바로 이 질문을 먼저 받아야 기본적인 자신의 상태를, 다시 말해 무엇이 부족하고 무엇을 배워야 하는지를 스스로 확인할 수 있습니다. 공부에 필요한 기본적인 능력을 갖게 되는 거죠. 기간은 굳이 길지 않아도 됩니다. 중요한 건 스스로 공부하면서 자신의 수준을 파악할 수 있게 되는 거니까요.

그 능력을 간단하게 표현하면 바로 이런 것입니다. 보통은 모르는 영어 단어를 처음 만나면 20개의 단어를 모두 30번을 반복해서 쓰면서 외우는데, 이렇게 스스로 공부해 본 아이는 접근

방식이 달라집니다. 스스로 판단한 기준에 따라서 어떤 단어는 17번, 또 어떤 단어는 25번을 쓰면서 외우죠.

이런 변화는 매우 중요합니다. 자신의 현재 상황과 대상의 중요성이나 가치를 동시에 판단해서 가장 생산적인 결과를 뽑아 내는 것이니까요. 같은 학원에 다녀도 이런 능력이 있는 아이는 학원의 주도로 공부가 이루어지는 것이 아니라, 반대로 아이가 학원의 교육 과정을 주도하며 공부가 이루어집니다.

어떤 과목도 다 같습니다. 학원에 먼저 보내기 전에, "이 과목 은 네가 한번 혼자서 해 볼래?"라고 묻는 게 좋습니다. 늦어도 이 말을 중학생이 되기 전에 들려주시는 게 좋습니다. 너무 시간이 지나면 혼자서 하는 게 쉽지 않아지고, 학원에서 배우는 과정에 익숙해져서 스스로 공부하는 과정 자체를 소화하지 못할 수도 있 기 때문입니다.

"아이에게 집안 형편에 대해
솔직하게 말해도 될까요?"

아이가 고가의 예체능 학원에 다니고 싶다고 하면, 부모 마음은 빚을 내서라도 보내고 싶습니다. 하지만 당장 재능이 어느 정도인지도 모르는 상태에서 무작정 빚을 낼 수는 없습니다. 참 어려운 문제입니다. 그럴 때는 이렇게 말하며 시간을 두고 천천히 관찰하며 생각하는 시간을 갖는 게 서로에게 좋습니다. 처음부터 솔직하게, 그러나 아이의 마음을 섬세하게 배려하는 언어를 사용해서 말하면 아이도 부모 마음을 이해할 수 있습니다.

"우리 집 현재 사정상 지금 당장
그 학원에 가긴 쉽지 않을 것 같아.

우리, 집에서 같이 먼저 해 본 이후에

정말 가고 싶어지면 다시 생각해 보자.”

아이는 대개 쉽게 좋아하고 또 쉽게 질려하기 때문에, 이렇게 시간을 두고 관찰하는 것도 지혜로운 방법 중 하나입니다. 힘든 형편에 무작정 다 시켜주는 것보다는, 이런 말을 통해 집안 형편에 대해 설명하는 게 어떤 부분에서는 더 좋습니다. 아이에게 더 깊이 생각할 시간을 줄 수 있으니까요.

그러나 아이의 모든 요구에 이렇게 말한다면, 순간적으로는 좋을 수 있지만 장기적으로 서로에게 최악입니다.

“네가 하고 싶다면 뭐든 가능하지!”

“물론, 아빠가 그 정도는 해줄 수 있지!”

“엄마가 널 위해서 뭘 못하겠어!”

이런 말을 통해 부모는 점점 힘들어지고, 반대로 부모를 향한 아이의 기대는 점점 커질 테니까요.

집안 형편을 알려 주는 건 결코 나쁘거나 아이에게 미안한 일이 아닙니다. 또한 풍족한 형편은 아니지만, 부모가 밖에서 얼마나 최선을 다해 살고 있는지, 가정에서도 얼마나 많은 노력을 하고 있는지 숨기지 말고 모두 알려 주세요.

하지만 이런 방식의 표현은 좋지 않아요.

“다 너 공부시키려고 하는 거야.”

“보답하려면 네가 잘되면 돼!”

"너 하나만 보면서 살고 있어."

'공부'와 '보답', 그리고 부담만 주는 식의 말은 오히려 하지 않는 게 좋습니다. 대신 이렇게 말해 주세요.

"널 보면 어떤 일도 해낼 힘이 생겨."
"같이 행복하게 살고 싶어서 일하는 거야."
"우리 모두 힘내서 서로에게 기쁨이 되자."

이렇게 '우리', '함께', '기쁨', '행복'과 같은 말이 들어간 표현을 아이에게 들려주면 좋습니다.

세상에는 같은 환경에서 자랐지만 전혀 다른 어른으로 성장한 사례가 많죠. 집안 형편을 솔직하게 알려주고 가족이 하나가 되어 살아간 경험은 아이에게 이런 대견한 생각을 하게 만듭니다.

"내가 앞으로 더 많이 노력하고 공부해서
부모님께 좋은 선물 많이 해 드려야지."

하지만 반대로 집안 형편을 알려 주지 않고 부모가 일방적으로 고생만 해 온 가정은 이런 생각을 하는 아이를 만들지요.

"이런 집에서 살면서 어떻게
제대로 된 미래를 꿈꿀 수 있겠어!
다른 집은 모두 잘 살던데,
우리 부모님은 왜 다 이 모양이지."

"아이에게 필요한 건 완벽한 부모가 아닙니다.
때로는 솔직하게 현실을 말하는 게 좋습니다."

영재들에게서 공통적으로 발견되는 15가지 삶의 태도

"영재는 오직 길러지는 것이며,
환경으로 인해 나타나는 결과다."

평생 아이들의 인지 발달에 대한 연구를 했던 스위스 심리학자 피아제^{Jean Piaget}가 남긴 말입니다. 물론 타고난 영재도 있을 겁니다. 하지만 환경을 통해 길러지는 후천적인 영재가 훨씬 더 많죠. 아래에 제시한 영재들의 15가지 특성과 삶의 태도를 아이에게 전하면, 누구든 그런 수준에 도달할 수 있습니다.

1.

겉에서 볼 땐 예민하지만,

내면은 섬세하게 움직인다.

2.

자기주장이 강해서

확신을 갖고 끝까지 주장한다.

3.

다른 아이들보다

정보를 발견하는 능력이 뛰어나다.

4.

걷다가 자주 멈춰 서

오랫동안 생각에 잠긴다.

5.

주변에서 보고 들은 것을

빠르게 분류해 저장한다.

6.

핵심을 꿰뚫어 보기 때문에

발상 자체가 신선하다.

7.

하나의 현상에 대해

최소한 3개 이상 질문한다.

8.

많은 책을 읽기보다,

한 권을 많이 읽는다.

9.

어리지만 간혹

놀라운 표현의 말을 한다.

10.

늘 어디에서도 무언가를

집중해서 생각하는 표정이다.

11.

해결하려는 자세로 살기 때문에

쉽게 불평하지 않는다.

12.

주변에서 일어나는

모든 상황에 관심을 갖고 있다.

13.

같은 문제에 대해

끝없이 반복해서 생각한다.

14.

어떤 장소에 가더라도

전혀 심심해하지 않는다.

15.

새로운 것을 반기지만,

오래된 것도 중요하게 생각한다.

꼭 기억해야 할 사실이 하나 있습니다. 부모가 아이를 너무 앞서 나가면 어떤 일이 벌어질까요? 아이가 부모처럼 되겠죠. 같은 사람을 하나 더 만드는 겁니다. 그럼 아이는 자기만의 색과 모양을 잃게 되겠죠. 이건 매우 중요한 사실입니다. 영재란 무엇을 의미하는 걸까요? 자기만의 길을 가는 아이를 말합니다.

아이를 그렇게 키우기 위해서는 부모가 앞서 나가기보다는, 아이가 스스로 길을 찾아 나설 수 있게 하는 게 좋습니다. 한 걸음을 걸어도 스스로 선택한 시작일 때, 빛을 발하는 거니까요. 그 마음으로 아이를 바라볼 수 있다면, 여러분의 아이는 분명 자신만의 길을 찾아낼 수 있을 겁니다.

2장

지적 호기심을 자극하고
공부의 재미를 알게 해주는
대화 11일

노는 것만 좋아하는 아이의
공부 의욕을 높이는 말

"너, 숙제는 다 하고 노는 거야?"

"그렇게 놀기만 하면 어쩌니!"

"다른 애들은 지금 얼마나 열심히 공부하는지 알아?"

여러분이 어렸을 때 부모님께 들었던 말이자, 동시에 여러분이 지금 아이들에게 자주 하는 말이기도 하죠. 여기에서 잠시 멈춰 생각해 보세요. 이 말이 과연 아이에게 긍정적인 영향을 줄 수 있을까요? 아이는 그 말을 듣자마자 공부 의욕이 순식간에 떨어집니다. 그렇지 않아도 하기 싫은 공부를, 어쩔 수 없이 하게 되는 나날이 이어지는 거죠. 그렇게 아이는 싫은 공부를 더 싫어하게 되는 상황에 빠집니다.

사실 노는 걸 좋아하는 건 아이들의 본능이기도 합니다. 마찬가지로 공부를 싫어하는 것도 본능이죠. 결국 그 싫은 것을, 그럼에도 불구하고 해내는 아이로 키우려면 이것이 필요하죠. 바로 '한 페이지에 대한 의욕'입니다. 모든 공부는 결국 한 페이지가 결정합니다. 한 페이지라도 더 풀고 마무리를 하겠다는 의지가 그날의 공부 결과를 좌우하고, 다음날에 시작하는 공부의 결과까지 결정하죠. 재능이나 지능과 상관없이 그런 의지와 의욕을 갖고 있는 아이들은 뭘 시작해도 빠르게 성취하고, 공부가 아닌 모든 분야에서도 두각을 나타내며 존재감을 빛냅니다.

그래서 더욱 공부 의욕을 높이는 문제는 섬세하게 접근해야 합니다. 부모 마음은 이렇죠. 억지로 하라고 부추기면 더 안 할 것만 같고, 그렇다고 아예 방치하면 영원히 공부와 담을 쌓을 것만 같아서 이러지도 저러지도 못합니다. 못한다고 안 시키면 더 못할 것만 같고, 시킨다고 말을 듣는 것도 아니라서 마음은 복잡하고 급해지죠.

노는 데 빠져서 공부를 멀리하는 아이들의 공부 의욕을 높이는 6개의 말을 소개합니다. 아이와 나누는 일상에서 자연스럽게 들려주거나, 낭독과 필사로 함께 읽고 써서 마음에 남기는 과정을 거치면 좋습니다. 그럼 한 달 뒤에는 이전과는 달라진 아이의 모습을 만날 수 있을 겁니다. '우리 아이는 이 말을 통해 분명히

공부에 대한 열정을 갖게 될 것이다'라는 강한 확신을 갖고 시작
하시면 더욱 좋습니다.

"매일 아침에 일어나 소중한 자신을 응원하고,
매일 잠들기 전 부족했던 자신을 용서해 주자.
하지 못했다는 후회를 하기보다는,
그럼에도 할 수 있다는 희망을 품고 살아가자."

"무언가를 치열하게 배우려고 분투한 시간은
평온한 강물처럼 아름답게 흘러서
세상이 주는 어떤 두려움도 이겨낼
단단하고 평화로운 공간이 되지."

"세상에 쉬운 일은 없지만
반복하면 조금씩 수월해지고,
마음을 다해 그 일을 사랑하면
비로소 완벽한 상태가 된단다."

"가끔은 제대로 길을 잃어 보는 것도 좋아.
길이 아닌 곳에서 그곳이 길인 것처럼 걸어 보면,
이전에는 짐작도 하지 못했던

또 하나의 길을 만날 수 있어."

"진정한 자신을 만나기 위해서
우리는 혼자 있을 수 있어야 하지.
그게 바로 공부의 귀한 가치야.
수많은 사람이 천재라고 부르는 이들이
혼자 있는 시간을 즐겼던 것처럼,
우리가 혼자 있는 시간이 주는 달콤함을
아름답게 즐긴다면 이전과 다른
자신의 가치를 만날 수 있을 거야."

"상처 없이 성장하는 사람은 없어.
모든 성장은 상처를 증거로 남기니까.
그래서 어떤 어려움도 없이 무언가를 배웠다면,
그건 아무것도 배우지 않았다는 것과 같지.
지금 죽도록 힘들다면 죽음보다 귀한 것을
우리가 배우고 있다는 증거란다."

매일 도착만을 위해서 뛰어가는 삶을 살다가, 속도를 줄여서
천천히 산책을 하면 그제야 보이는 게 있죠. 차분히 주변을 바라
보면, 지금까지 미처 발견하지 못했던 소중한 것들이 가까이에

있었다는 사실을 알게 되죠. 마찬가지로 공부를 이유로 아이들에게 억지로 교훈을 가공해서 줄 필요는 없습니다. 익숙한 곳을 새로운 눈으로 바라보며, 아이 스스로 찾으면 되는 것이니까요. 지금 소개한 말이 그런 나날을 보낼 수 있게 힘이 되어 줄 겁니다.

늘 기억해 주세요.

"뭐든 조금 더 바라보면,
더욱 깊이 볼 수 있습니다."

아이의 잠든 호기심을
자극하는 7가지 말

무언가를 이루고자 하는 의욕과 의지, 열정과 같은 에너지는 마치 근육과 같아서 사용할수록 강해지고 더 센 힘을 발휘합니다. 하지만 하루 종일 TV 앞에 앉아 화면만 보거나 의욕 없이 가만히만 있는 아이는 뇌의 기능이 제대로 작동할 수가 없죠. 생각을 시작하지 않으니 뇌가 움직이지 않고 마치 장식품처럼 방치된 상태로 있으니까요.

게다가 우리가 일상에서 자주 하는 이 말은 안타깝게도 아이의 뇌를 긍정적으로 자극하지 못하고, 생각의 근육을 자꾸만 약해지게 만듭니다.

"사는 거 뭐 별것 없지."

"다 먹고 살려고 하는 일이죠."

살다 보면 가끔은 어쩔 수 없이 나오는 말이지만, 아이들은 정말 진지하게 모든 말을 흡수합니다. 어렸을 때 이런 말을 자주 듣고 자란 아이는 삶의 의욕을 다른 사람보다 쉽게 잃기 때문에, 일상의 작은 가치를 발견하지 못한 채 의미 없는 인생을 살 가능성이 높습니다. 결국 어른이 되어서도 마찬가지의 삶을 살죠.

그렇다면 어떻게 아이의 뇌를 자극할 수 있을까요? 아이가 주변을 탐색하고 관찰할 수 있도록 열정과 의지가 솟는 말을 자주 들려주세요. 예를 들자면 이런 식으로 바꿔서 말하는 겁니다.

"사는 거 뭐 별것 없지."
→ "오늘은 또 무슨 일이 생길지 기대된다!"

"다 먹고 살려고 하는 일이죠."
→ "모든 일에는 의미와 가치가 있지."

어떤가요? 작은 변화에 불과하지만 들리는 뉘앙스가 완전히 다르기 때문에 아이의 두뇌를 긍정적으로 자극할 수 있죠. 이처럼 부모의 어떤 한마디 말은 아이에게 평생 잊지 못할 경험이 되기도 합니다.

일상 곳곳에서 아이의 생각과 호기심을 동시에 자극할 수 있는 표현을 자주 하는 게 좋습니다. 대표적으로 7개의 말을 전합니다. 입에 익숙해질 때까지 낭독하시고, 필사도 병행하시는 걸 추천합니다.

"여기에도 분명 특별한 게 있을 거야."

"네 눈에는 이게 어떻게 보이니?"

"어제의 햇살과 오늘의 햇살은 다르지."

"엄마도 생각한 게 있는데, 들려줄까?"

"네 방법대로 한 번 더 시도해 볼래?"

"시작하지 않으면 영원히 알 수 없지."

"뭐든 한 번 더 생각하면,
또 다른 부분을 볼 수 있단다."

매일 아침 어제보다 나은 오늘이 될 것이라는 믿음을 갖고 시작한다면, 그 생각처럼 오늘 하루가 근사하게 펼쳐질 것입니다. 절망하지 말아요. 어떤 부정적인 현실도 당신의 희망 가득한 생각을 이길 수 없습니다. 그러니 불행이 아닌 희망이 아이의 미래를 그릴 수 있게 해주세요. 그럼 그 좋은 언어를 듣고 자란 당신의 아이는, 어떤 어둠 속에서도 자신만의 빛을 볼 수 있는 멋진 사람으로 성장할 겁니다.

"꽃이 태양의 빛으로 힘을 얻어 살아가듯,
아이에게는 부모의 언어가 살아갈 빛입니다."

아이가 부모의 행동을
그대로 따라 하는 이유

아이들은 부모의 몸짓과 말투를 흉내 내는 데 그치지 않고, 거의 완벽하게 소화하여 닮습니다. 이유가 뭘까요? 물론 자주 보는 사람이고 또 사랑해서 그렇습니다. 하지만 아이는 부모 모두를 공평하게 닮지는 않죠. 아빠든 엄마든, 아니면 자신을 돌보는 할아버지나 할머니 중 한 사람을 유독 더 많이 닮습니다. 이유는 간단합니다. 그 사람이 집에서 가장 힘이 세기 때문이죠.

집에서 아이가 한 사람을 유독 많이 닮는 이유는, 이를 통해 그 사람이 가진 권력과 힘을 손에 넣으려고 하기 때문입니다. 특징을 흉내 내는 것으로 그 사람을 자기편으로 만든 다음, 그렇게 얻은 권력으로 동생이나 형, 나머지 가족에게 영향력을 행사하기 위해서죠. 물론 좋은 행동은 아닙니다. 하지만 이는 인간이라면 누구나 가질 수 있는 자연스러운 욕망이라, 금지할 수는 없어요. 다만 간단한 질문 하나로 방향을 바꿔서 긍정적으로 활용할 수는 있습니다. 예를 들어, 아이가 집에서 아버지를 주로 흉내 내며 닮아 간다면, 아버지가 이런 식으로 질문을 하는 겁니다.

"난 책을 좋아하는 엄마의 습관과 행동이 참 멋지더라."
"아빠에게는 없는 집중력이 네 동생에게 있는 것 같아."

이런 식으로 아버지가 자신만을 닮는 아이에게 다른 가족 구성원의 장점을 언급하며 모든 사람에게는 나름의 배울 점이 있다고 말해 주는 것이죠.

하지만 이렇게 말하며 아이를 자극하는 건 매우 좋지 않습니다.

"우리 아이, 참 똑똑하네. 아빠를 닮다니 말이야."
"그럼 그렇지, 네 엄마에게 뭘 배울 게 있겠니!"
"사람 보는 눈이 있어. 역시 내 아들이야."

이런 식의 표현은 아이로 하여금 지속적으로 권력과 힘을 갖기 위해 눈에 불을 켜고 아버지를 닮게 만듭니다. 또한 교육적 효과를 전혀 기대할 수 없게 되지요.

더욱 안타까운 사실은 다른 가족 구성원을 자신이 다스려야 하는 존재로 생각하며 무시하게 된다는 것입니다. 그래서 간혹 할아버지와 할머니를 때리는 아이가 되기도 하며, 동생을 노예 정도로 생각해서 못된 명령과 함께 나쁜 지시를 내리기도 합니다. 뭐든 양면성이 있어요. 세상에 나쁘기만 한 것은 없죠. 아이가 부모를 닮는다는 것은 매우 아름다운 사실입니다. 다만 자신을 닮는 아이에게 모든 가족 구성원에게는 배울 부분이 있다는 말을 해주는 게 필요합니다. 권력과 힘이 모두에게 골고루 나뉘어져 있다는 사실을 느끼게 해준다면 아이는 모두에게 자연스럽게 배울 수 있는, 공부의 기쁨을 아는 사람으로 자랄 수 있습니다.

"열심히 하면 좋은 결과가 나올 거야"라고 말하지 마세요

공부하지 않는 아이에게 "끝까지 최선을 다하자!", "네 모든 것을 쏟아붓는다면, 반드시 좋은 결과가 나올 거야"라는 식의 이야기를 들려주면 어떤 변화를 기대할 수 있을까요? 듣기에는 좋지만, 막상 공부에는 큰 도움이 되지 않습니다. 스스로의 의지에서 나온 게 아니라서, 자신을 힘들게만 만들기 때문입니다.

부모가 억지로 공부하라고 명령하면 당연히 아이 입에서는 싫다는 말이 나오죠. 그건 매우 자연스러운 과정입니다. 중요한 건 '스스로' 움직여야 한다는 거죠. 아이가 스스로 공부할 수 있게 하려면 먼저 공부하는 재미를 느낄 수 있게 해주어야 합니다.

모든 부분을 다 채우려는 욕심을 버리고, 일단 아이에게 숨 쉴 수 있는 틈과 여유를 주는 게 좋아요. 그런 태도를 가질 수 있게 돕는 9가지 말을 소개합니다.

"모든 과목을 다 잘할 수는 없어.
그러니 우선순위를 정하는 것도 필요해.
그래야 중간에 포기하지 않고,
순간순간 집중할 수 있어."

"꿈을 꾸고 목표를 세우는 것도 좋지만
그 시간이 정작 공부하는 시간보다
더 많다면 문제가 있지.
결심했다면 바로 시작할 용기를 내보자."

"영어, 수학, 과학, 국어!
이걸 다 해야 한다고 생각하지 말고,
오늘 해야 할 것에만 집중하는 게 좋아.
너무 멀리까지 보면 금방 지치니까."

"지금 해야 할 것을 지금 해내면
그게 모여서 최고의 계획이 된다.

좋은 하루가 좋은 계획이니까.”

“공부를 시작하기 전에 먼저
자신에게 물어보는 게 좋아.
‘나는 이걸 왜 공부해야 할까?’
스스로에게 확신이 있어야
중간에 멈추지 않기 때문이야.”

“꾸준히 공부하지 않고
작심삼일을 반복하는 이유는
한 번에 이루기 힘든 많은 것을
무리하게 계획하기 때문이니까
계획을 작게 잘라서 하나하나 해 보자.”

“모든 공부에는 경쟁률이 있어.
하지만 그건 그리 중요하지 않아.
정말 내가 하고 싶은 공부라면,
어떤 경쟁률도 극복할 수 있으니까.”

“최선을 다해야 성공한다는 사실을
몰라서 실패하는 사람은 별로 없지.

중요한 건 오늘 하루 최선을 다해서
하나의 지식을 나의 걸로 만드는 거란다."

"중간에 포기한다고 해서
큰일이 일어나는 것은 아니야.
우리는 얼마든지 다른 길을 찾을 수 있지.
포기는 끝이 아니라,
다른 길의 시작일 때가 많으니까."

타의에 의해 억지로 공부하지 않고 아이 스스로 집중하기를 바란다면, 이렇게 배움의 의미를 다르게 부여하고 목적과 가치를 깨닫게 해주는 게 좋습니다. 끝이 어디에 있는지 알고 시작한 아이는 결코 중간에서 방황하지 않을 테니까요.

혼자 있는 시간이
아이의 창의력을 높여 줍니다

아이들은 쉽게 지루한 감정을 호소합니다.

"나, 저거 사줘."

"이제 이거 지겹단 말이야!"

"저거 사주지 않으면 안 놀 거야!"

가엾기도 하고 장난감을 가지고 놀면 창의력이나 상상력도 좋아질 수 있으니, 오늘도 새로운 장난감을 사줍니다. 그렇게 방에는 자꾸만 장난감이 늘어갑니다. 더는 치울 수도 없을 정도로 많아지기도 하죠.

하지만 현실은 그런 부모의 생각과는 정반대입니다. 예를 들어, 어떤 아이는 100권의 책을 읽었지만 전혀 내용을 기억하지 못해서 발전이 없고, 또 어떤 아이는 1권을 읽었지만 머릿속에 100가지 이야기가 생생하게 쌓여 있지요. 이유가 뭘까요? 간단해요. 지루한 시간을 통해서 자기만의 시각을 단련했기 때문입니다. 아이가 지루함을 느낀다는 것은, 아이만의 시각을 단련할 때가 왔음을 의미합니다.

보통은 새로운 것을 끝없이 제공하며,
이렇게 무의미한 일상을 살게 되죠.

① 새로운 것을 보면 흥미롭다.
② 익숙해지며 지루해진다.
③ 새로운 것을 갈망한다.
④ 새로운 것을 또 사준다.
⑤ 배우는 것 없이 무한 반복한다.

하지만 부모가 지루한 시간을 허락하면,
아이의 하루는 이렇게 달라집니다.

① 새로운 것을 보면 흥미롭다.
② 익숙해지며 지루해진다.

③ 지루한 시간을 통해 자기만의 시각을 완성한다.

④ 나만의 흥미를 찾는다.

⑤ 하나에서 열을 깨닫는 아이가 된다.

다음 5가지 사항을 기억해 주세요.

1. 아이 스스로 자기 시간을 쓸 수 있게 해주세요.

2. 지루하다는 투정을 부릴 때가 바로 창의력이 높아지는 삶의 시작입니다.

3. 꼭 아이와 함께 놀아야 한다는 생각은 하지 않아도 됩니다.

4. 부모와 아이 모두 좋아하는 것을 찾아 즐기는 게 좋습니다.

5. 이를 통해 아이는 스스로 즐길 수 있는 무언가를 할 때 행복하다는 사실을 깨닫게 됩니다.

하루 30분 정도 아이에게 혼자 있는 근사한 시간을 허락해 주세요. 아이에게 장난감을 사주는 일은 쉽게 할 수 있는 일이지만, 조절하며 덜 사주는 일은 생각이 필요해서 쉽게 하기 힘든 일입니다. 쉽게 할 수 있는 일은 다른 사람에게 맡기고, 부모라면 쉽게 할 수 없는 가치 있는 일을 하는 게 좋습니다. 그럼, 혼자 있는 아이의 시간을 빛내려면 부모는 어떤 말을 하는 게 좋을까요?

아이에게 들려주면 좋을 5개의 말을 소개합니다. 아이가 혼자 무언가를 하고 있을 때 들려주면 더욱 좋으니 참고해 주세요.

"모두가 같은 것을 바라보지만,
모두가 같은 생각을 하는 건 아니야."

"멋진 생각을 가진 사람은
결코 혼자가 아니야.
생각이라는 좋은 친구가 있으니까."

"세상에서 가장 외로운 사람은
혼자 있지 못하는 사람이란다."

"네가 확신을 갖고 있다면
그 의견을 고집해도 괜찮아.
우리도 네가 확신한 그걸 믿어."

"익숙해지면 지루해지지만,
지루한 시간을 견딜 수 있다면
새로운 깨달음을 얻을 수 있어."

맞아요, 충분히 이해할 수 있습니다. 아이가 혼자서 무언가를 하고 있을 때, 사실 부모는 괜한 걱정이 됩니다.

'왜 저렇게 혼자 있는 거지?'

'불러서 같이 놀아야 하나?'

'대인관계에 문제가 있는 거 아냐?'

'친구들이 이상하게 생각하는 거 아닐까?'

그러나 아이가 혼자 무언가를 하고 있다는 것은 기적처럼 아름답고 근사한 일입니다. 바로 이런 사실을 의미하기 때문이죠.

"혼자 있는 아이는
생각하고 있는 겁니다."

새 학기마다 시작되는
아이의 학교생활 3종 고민을 해결하는 말

"선생님이 나만 싫어해요!"

"친구들이 마음에 들지 않아요!"

"수학이 너무 어려워요!"

새 학기가 시작되면 아이의 고민도 함께 시작됩니다. 주로 선생님과 친구들, 그리고 공부에 대한 것들일 가능성이 높아요. 그런데 아이들의 고민에 지혜롭게 답하는 것이 생각처럼 쉽지는 않습니다. 이유가 뭘까요? 본질에서 벗어나 있기 때문에 문제 자체를 해결하지 못해서 그렇습니다. 매년 매 학기 이런 문제가 발생한다면 더욱 귀를 기울여 주세요.

혹시 아이의 고민에 여러분이 이런 방식으로 대응하고 있다면, 아이의 고민이 해결될 가능성은 매우 낮아집니다.

"선생님이 나만 싫어해요!"
→ "에구, 어쩔 수 없지.
올해는 선생님 잘못 만났네."

"친구들이 마음에 들지 않아요!"
→ "왜? 친구들에게 무슨 문제가 있니?
좀 더 두고 보자. 지금은 할 수 없지."

"수학이 너무 어려워요!"
→ "네가 수학을 못하는 건,
엄마(아빠) 집안 내력이야."

아이에게서 나타나는 수많은 문제는 말에서 시작했을 가능성이 매우 높습니다. 한번 잘 생각해 보세요. 부모의 이 모든 답변은 누구를 향해 있나요? 맞아요, 모두 아이가 아닌 다른 사람들을 향하고 있습니다. 선생님을 잘못 만난 거고, 친구들이 나쁜 것이며, 공부를 못하는 것도 집안 내력 때문이라고 말했죠. 우리가 제어할 수 없는 타인을 향한 말인 셈입니다. 그러니 문제가 풀리지 않죠.

　더 심각한 문제는 이제부터 시작됩니다. 삶의 모든 부분에서 타인을 탓하는 말을 반복해서 들은 아이들은, 이런 생각의 과정을 통해 결국 다음의 ④번을 고민하게 되는 최악의 결과를 맞이합니다.

　① "모든 문제는 다른 사람들 때문이야."
　② "그들이 바뀌는 수밖에 없어!"
　③ "나는 딱히 할 수 있는 일이 없으니까."
　④ "왜 나는 제대로 하는 게 없을까?"

　나약한 자존감, 연약한 마음, 도전하지 않고 쓸데없는 고집만 부리는 아이의 부정적인 면모가 바로 이렇게 시작됩니다. 앞으로는 중심에 아이를 넣어서 이렇게 답해 주세요. 간단한 질문처럼 느껴지지만, 결코 그렇지 않습니다. 아이에게 3가지 깨달음을 주기 때문이죠.

　1. 내가 가야 할 방향
　2. 내가 해야 할 일
　3. 내가 책임져야 할 것들

방향만 바꿔도 문제는 쉽게 풀립니다.

"학교생활을 즐겁게 하려면
무엇을 중요하게 생각해야 할까?"

"오늘도 행복한 하루가 되려면
어떤 생각으로 아침을 시작하면 될까?"

"너의 수학 점수가 낮은 건,
충분히 시간을 투자하지 못해서야.
앞으로 어떻게 하면 좋겠니?"

어떤 일이 생길 때마다 바로 앞에 있는 상대의 탓을 하면서 잘못을 돌리거나 단점을 들추는 행위로 해결되는 건 세상에 하나도 없습니다. 그래서 새 학기가 시작할 때마다, 같은 문제로 계속 고민을 하게 되죠. 같은 문제가 반복해서 나온다는 것은 해결책이라고 생각한 방법이 틀렸다는 사실을 의미합니다. 하지만 그럴 때 '나는 어떻게 해야 하는가?'라는 식의 질문을 던질 수 있다면, 나를 괴롭히는 다양한 고민을 해결할 방법을 찾을 수 있습니다.

아이가 현재 느끼는 나쁜 기분의 이유가 모두 남에게 있다고 말한다는 것은, 앞으로 일어나는 모든 나쁜 일의 책임이 남에게

만 있으니, 계속 그들의 탓을 하면서 살아야 한다고 강조하는 것과 같습니다. 아이의 내일을 망치는 대표적인 표현이죠. 또한 여기에서 중요한 건 '책임감'과 '자책'을 구분해야 한다는 사실입니다. "모든 게 다 나 때문이야"라는 자책은 자신에게 전혀 도움이 되지 않죠. '자책'이 아닌 '자기 주도성이 이끄는 책임감'을 주기 위해서, 앞서서 3가지 질문법을 알려 드린 겁니다. 일상에서 쉽게 실천할 수 있는 질문이니, 새 학기에 자주 들려주세요.

학교 가는 아이에게
들려주면 좋은 부모의 말

아이들에게 학교나 학원은 하나의 세계입니다. 그 안에서 수많은 일이 생기고 수많은 감정이 오가기 때문입니다. 그래서 학교나 학원으로 아이를 보내는 길에서는 특히 이런 말은 하지 않는 게 좋습니다.

① 듣기만 해도 기분이 상하는 잔소리
② 마음을 우울하게 만드는 각종 부정어
③ 공부에 대한 직접적인 조언

그런 말을 듣고 학교나 학원에 가게 되면 도착하기 전에 이미 이런 생각이 듭니다.

'진짜 공부하기 싫다.'

'지겹다, 그냥 놀고 싶다.'

'대체 공부는 왜 하는 걸까!'

시작부터 이런 마음이니, 그 안에서 배우고 경험한 것들이 내면에 쌓이지 않습니다. 주변에서 좋다고 하는 학원을 아무리 많이 다녀도 학업과 내면에 아무런 변화가 없는 이유가 여기에 있죠.

아이가 자신의 세계와도 같은 학교와 학원으로 가는 길을 행복하게 시작할 수 있게 해주세요. 그럼 자연스럽게 공부와 깨달음에 대해서, 관계와 소통에 대해서도 긍정적으로 생각할 수 있습니다.

아이의 호기심을 자극하고 하루가 행복해지게 만들 수 있는 부모의 17가지 말을 전합니다. 중요한 건, 이 말을 통해 부모 자신도 하루를 행복하게 시작할 수 있다는 사실입니다. 아이에게 좋은 게 부모에게도 좋으니까요.

1.

"매일 아침을 새롭게 시작할 수 있어서
더욱 화창한 기분이 들지 않니?"

2.
"뭐든 좋게 말하면 습관,
나쁘게 말하면 버릇이지.
오늘도 좋게 바라보는 하루 되자."

3.
"오늘도 멋진 하루야.
좋은 생각으로 가득 채우자."

4.
"기대된다. 오늘은 어떤 흥미로운 일이
우리를 기다리고 있을까?"

5.
"요즘 무슨 노래를 좋아하니?
혼자서 부를 노래가 있다는 건
참 행복한 일이야."

6.
"우리는 오늘 마음먹은 만큼
더 행복할 수 있어."

7.

"짜증 나고 불쾌한 일은 잊자.
그건 모두에게 도움이 되지 않으니까."

8.

"배고플 때 피자를 크게 입에 담는 것처럼
좋은 마음을 가득 담고 시작해 보자."

9.

"내일 일어날 일로 불안해하지 말자.
최선을 다한 오늘이 내일을 바꾸는 거니까."

10.

"우리 오늘은 나쁜 이야기를 하지도,
남에게 전하지도 말자."

11.

"안 된다고 생각하면 모든 게 불행이지만,
된다고 생각하면 뭐든 희망이 되지."

12.

"행복한 일은 매일 있어.

단지 네가 찾기만 하면 된단다."

13.

"오늘 하루는 너의 흔적이고,

흔적이 모여 너의 역사가 되지."

14.

"현관을 열고 나갈 땐 늘 기분이 좋아.

뭐든 새롭게 시작할 수 있잖아."

15.

"세상에 당연한 하루는 없지.

오늘도 좋은 이유 하나를 찾아보자."

16.

"연필과 노트만 있으면

우리는 새로운 걸 깨닫게 되지."

17.

"오늘도 좋은 마음만 생각하자.

좋은 하루는 부르는 자의 몫이니까."

요즘에는 공휴일에도 학원에 가는 아이들이 많아요. 경쟁이
치열해서 생긴 일이죠. 그럴 때 잔소리나 기분 나쁜 소리를 하기
보다는, 부모와 아이 모두에게 행복을 줄 수 있는 말을 하는 게
좋습니다. 오늘도 공부하러 가는 사랑하는 아이를 위해 행복한
말을 들려주기로 해요.

놀면서 공부하는 아이는
'시간에 대한 이해'가 다릅니다

참 신기하죠. 책상에 오랫동안 앉아 있어도 성적이 그대로인 아이가 있고, 반대로 하루 종일 놀면서 하루를 보내도 계속 높은 수준의 성적을 유지하는 아이가 있습니다. 차이는 대체 어디에서 시작되는 걸까요?

중요한 지점은 바로 '시간의 가치'에 대한 이해도에 있습니다. 아이가 자신의 시간을 낭비하지 않게 만들면, 모든 삶에서 만나는 것들이 자신에게 영감을 준다는 소중한 사실을 깨달을 수 있습니다. 이건 매우 중요한 이야기입니다.

보통 우리는 24시간 내내 무언가를 하려는 억압에서 벗어나,

아무것도 하지 않는 여유도 누려야 한다고 말합니다. 물론 좋은 말이죠. 저는 그런 시간의 가치를 거부하는 것이 아닙니다. 오히려 적극 찬성하죠. 하지만 시간의 가치를 제대로 창출하기 위해서는 '세상에 아무것도 아닌 순간은 없다'라고 의식하며 사는 게 좋습니다. 이런 식의 말을 아이에게 자주 들려주는 게 좋아요.

"오늘은 어떤 신나는 일이 생길까?"

"여기에는 어떤 특별한 이유가 있을까?"

"저 사람은 왜 저렇게 행동하는 걸까?"

"이번 주에 일어난 일 중 뭐가 가장 기억에 남니?"

"하루를 좀 더 보람 있게 보내려면 어떻게 해야 할까?"

"사람들이 이 빵을 좋아하는 이유는 뭘까?"

"하루를 10분 일찍 시작하면 어떤 일이 생길까?"

부모에게 이런 식의 이야기를 자주 듣고 자란 아이는 실제로 아무것도 하지 않고 있어도, 스치는 시간 속에서 반드시 무언가를 발견하게 됩니다. 생각을 가동하고 있기 때문이죠. 같은 공간에서 똑같이 무엇도 하지 않는 사람일지라도, 생각의 가동에 따라 전혀 다른 결과를 맞이하게 된다는 사실을 기억해 주세요. 그들이 바로 놀면서도 공부할 줄 아는 아이들입니다.

자신을 이해하는 아이가
공부를 잘합니다

아이가 초등학교에 입학하고 나면 부모의 고민은 이렇게 둘로 나뉩니다.

"영어, 수학, 국어 전부 꼼꼼하게 계획해서
이제 본격적으로 공부를 시작하게 해야지!"

"공부도 중요하지만 하고 싶은 것도
자유롭게 할 수 있게 해줘야지!"

그런데 정작 여기에서 빠진 게 있어요. 꼼꼼하게 계획한 공부도 좋고, 아이가 하고 싶은 것을 자유롭게 하는 것도 좋죠. 하지만 가장 중요한 것은 아이의 현재 상태입니다. 아이의 내일을 더 아름답게 만들기 위해서는 반드시 이 질문을 가장 먼저 해 봐야 합니다.

"아이는 지금 스스로
무엇을 하고 싶은지 알고 있는가?"

부모가 모든 것을 제어하고 계획한다면, 아이는 나이가 들어도 자신이 무엇을 원하는지 전혀 모르게 될 가능성이 높습니다. 아이의 삶이 가장 빛나는 초등학교 시절에는 반드시 아이 스스로 이런 질문을 던질 수 있게 도와주어야 합니다.

"나는 무엇을 할 때 가장 많이 웃지?"

"생각만으로도 나를 기쁘게 해주는 게 뭐지?"

"뭘 새롭게 도전해야 행복해질 수 있을까?"

"내가 가장 잘하는 건 뭐가 있지?"

"질리지 않고 오랫동안 할 수 있는 건 뭘까?"

초등학교 시절 이런 질문을 자주 던지며 하루를 살았던 아이들은 그걸 하지 않았던 아이들보다 자기 자신에 대해서 잘 알게 되죠. 이를 통해서 자기 조절력도 생기고, 몰입하는 능력과 배우는 법도 깨닫게 됩니다.

자신을 가장 잘 아는 아이는 무엇을 배워야 하는지도 잘 알기 때문에 자연스럽게 모든 공부의 과정에서 최고 수준으로 몰입할 수 있게 됩니다. 물론 중학교 입학 이후에도 가능합니다. 하지만 자신을 이해하는 과정은 빠를수록 좋죠. 위에 나열한 5가지 질문을 통해서 아이가 스스로 자기 가치를 발견할 수 있게 해주세요.

공부는 '고생'하면서
하면 안 됩니다

학교에서 혹은 학원에서 돌아온 아이에게 뭐라고 말해 주나요? 혹시 이렇게 말하고 있다면 바로 다른 표현으로 바꾸는 게 좋습니다.

"아이구, 우리 아가.
공부하느라 고생했지?"

"공부하느라 수고했어.
이제 집에서 편히 쉬자."

아이를 대할 때 '수고했어', '고생했어'라는 표현이 좋지 않다는 사실은 그간 '66일 대화법 시리즈'를 통해서 자세하게 설명했죠. 마찬가지로 공부에도 좋지 않습니다. 바로 이런 공식을 만들어 주기 때문입니다.

"공부는 고생의 연속이다."

"배우는 건 수고스러운 일이다."

아이가 기쁜 마음으로 자기 주도 학습을 하길 원하면서, 말로는 그걸 하지 못하게 만드는 표현만 전해 주는 셈이죠. 그런 말을 통해서 아이는 공부에 대한 부정적인 이미지를 아주 어릴 때부터 차곡차곡 내면에 쌓습니다. 그런 시간들이 모여 결국 수학을 포기하는 '수포자'가 되거나, 공부만 떠올리면 분노가 일어나는 아이로 성장하게 되는 거죠.

아이에게 공부의 좋은 의미를 전하고 싶다면, '공부는 고생하면서 하는 게 아니다'라는 개념을 마음속에 담고 있어야 합니다. 그래야 학교나 학원에 다녀온 아이에게 이렇게 다른 표현을 들려주며 공부의 의미를 아이 마음에 전할 수 있지요.

1. 아이가 공부하러 갈 때

"오늘 하루만 더 고생하자.
내일은 주말이잖아!"
→ "오늘도 즐겁게 공부하고,
주말에도 행복하게 놀자."

"추운데 고생이네.

파이팅! 열심히 하고 와!"

→ "춥지만 씩씩한 네가 멋져!

오늘 학교에서 네가 가장 빛날 거야."

2. 아이가 공부를 끝마치고 돌아왔을 때

"아이구, 우리 아가.

공부하느라 고생했지?"

→ "배우는 건 참 행복한 일이야.

이렇게 매일 배워도 또 배울 게 나오니까."

"공부하느라 수고했어.

이제 집에서 편히 쉬자."

→ "오늘도 즐거운 시간 잘 보냈지?

지금부터는 엄마(아빠)랑

즐거운 시간 보내자."

"고생스러워도 조금만 참고 공부하자.

5년만 참으면 앞으로 편안하니까."

이런 말도 좋지 않습니다. 공부가 고생이라는 것을 전하기
때문이며, 사실 5년이 지나도 편안해지지 않기 때문입니다. 바로

앞에 있는 문제만 해결하면 된다는 생각에서 나온 달콤한 거짓말이라고 볼 수 있지요. 나중에 속았다고 생각한 아이들이 과거를 회상하며 부모를 원망할 수도 있습니다. 가장 솔직하게, 그러나 긍정적인 이미지를 녹여 말하는 게 중요합니다. 그래야 아이도 힘든 마음 없이 스스로 공부하게 되고, 모든 시간을 소중히 생각하며 철저한 계획과 준비도 할 수 있죠.

실제로 대부분의 아이들이 가진 능력은 비슷합니다. 하지만 결과는 엄청난 차이가 나죠. 같은 교실에서 같은 것을 배웠지만, 뛰어난 성적을 내는 아이들의 공통점이 무엇일까요? 바로 자기 주도적으로 하루를 제어하며, 해야 할 것과 하지 말아야 할 것을 명확하게 구분하고, 가장 좋은 기분을 유지하며 공부한다는 사실입니다. 그런 아이들은 무리하지 않고 평온을 유지하면서도 해야 할 일들을 완벽에 가깝게 해내죠. 여러분의 말을 통해서 어렵지 않게 멋진 현실을 만들 수 있습니다. '이게 과연 될까?'라는 의심은 버리고, 위에 소개한 말을 통해 그런 일상을 지금 시작해 보세요.

공부하기 싫어하는 아이를
바꾸는 일기 쓰기법

초등학생부터 고3 수험생들까지, 국어, 영어부터 수학, 논술에 이르기까지 다양한 과목을 가르치며 얻은 깨달음이 하나 있습니다. 그건 바로 이 질문에 대한 답인데요. 하나하나 이야기를 풀어가겠습니다.

"공부에 전혀 의욕이 없고,

늘 사는 게 귀찮다는 표정을 짓고,

무기력하고 자존감까지 바닥인

아이를 어떻게 하면 바꿀 수 있나요?"

부모님 마음은 언제나 같아요. 공부가 전부는 아니지만, 그래도 내 아이가 스스로 공부를 해서 어느 정도는 잘해주길 바랍니다. 목표를 정하고 스스로 계획을 세워서 하루하루 나아지기를 바라지만, 사실 그건 정말 어려운 일입니다. 생각해 보면 어른도 하기 쉬운 일이 아니니까요.

초등학생에게도 고3 수험생에게도 모두 어려운 일입니다. 하지만 그 어려운 일을 수월하게 만드는 방법이 하나 있습니다. 제가 기억하는 거의 모든 학생에게서 긍정적인 변화를 봤으니, 여러분도 한번 활용해 보시길 바랍니다. 그 주인공은 바로 '일기 쓰기'입니다. 나이와 상관없이 모든 아이들을 가르치기 전에 저는 먼저 일기를 쓰게 했습니다.

특히 의지와 의욕이 전혀 없는 무기력한 아이는 정말 바꾸기 쉽지 않습니다. 어떤 말도 소용이 없기 때문에 부모 마음을 더욱 힘들게 하죠. 게다가 그런 아이는 어떤 학원의 선생님에게 보내도 나아지기 어렵습니다. 하려는 의지와 적극적인 삶의 태도가 없는 아이는 움직이지 않는 거대한 돌과 같죠. 누구도 그 돌을 움직일 수 없습니다. 하지만 '일기 쓰기'라는 방법은 어떤 아이도 움직일 수 있죠.

보고 들은 것과 그것에 대한 자신의 생각을 매일 글로 쓰면서 모든 아이는 지성을 사용하기 시작합니다. 무기력한 상태에 있던 나약한 내면에 생기가 돌며, 무엇이든 다 할 수 있다는 눈빛이 되죠. 하루를 대하는 태도를 바꾸니 마음도 바뀌는 것입니다.

그렇게 일기를 쓰면서 모든 것이 기적처럼 선순환이 되어 돌아갑니다. 집중력이 높아지니, 배우는 속도가 이전과는 전혀 다르죠. 얼마 전까지만 해도 말이 통하지 않는 아이였지만, 이제는 말이 필요 없는 아이가 되었습니다. 공부할 모든 준비가 끝난 셈이죠. 하루를 쓴다는 것은 결코 사소한 일이 아닙니다. 자신이 보고 들은 것, 또 그것에 대한 생각을 쓰지 않으면 그날은 아이들 인생에서 없는 날과 같아요. 쓰지 않으면 인생은 사라집니다.

1. 가장 단순하게 시작하기

일기 쓰기는 전혀 복잡하지 않습니다. 처음에는 누구나 길게 쓰기 힘들어요. 어른도 마찬가지입니다. 중요한 건 분량이 아니라, 짧더라도 매일 써야 한다는 사실입니다. 세 줄만 써도 좋습니다. 본 것으로 한 줄, 들은 걸로 한 줄, 그것에 대한 자신의 생각으로 한 줄, 처음에는 이렇게 시작해도 좋아요. 차분하게 시작하세요. 분량은 조금씩 늘려가면 됩니다.

2. 멈추지 않고 계속 쓰기

반복해서 일기를 쓰다 보면 어떤 일이 생길까요? 맞아요. 일상에서 글로 쓸 만한 흥미로운 이야기를 더 이상 찾기 힘들어지죠. 보통 한 달 정도가 지난 후에 찾아오는, 이 시기가 가장 중요합니다. 이때 일기 쓰기를 포기하기 쉬운데, 꼭 계속 쓸 수 있게 해주세요. 흥미로운 것을 찾기 힘들어지면 이제 아이는 지루한 것들에 의미를 부여하기 시작하면서 깊은 생각을 하게 됩니다. 이렇게 지루한 시간을 견디면, 기적의 시간을 만날 수 있습니다.

3. 스스로 깨달음 얻기

기적은 끝나지 않습니다. 그간 귀를 기울이지 않았던 사소한 것들에 다가가서 미세한 움직임을 관찰하며, 경청하기 시작합니다. 그렇게 아이는 모든 공부는 보고 듣는 것에서 시작한다는 깨달음을 얻게 됩니다. 스스로 자신을 위한 가장 좋은 스승이 되는 거죠. 그간 감고 살던 눈을 뜨고 귀를 열면서 배우는 법을 알게 되고, 그런 일상의 기쁨까지 즐기게 됩니다.

추가로 아이에게 이런 이야기를 들려주며 격려와 응원의 메시지를 전해 줄 수 있다면 더욱 생산적인 결과를 기대할 수 있습니다.

"네가 오늘 느낀 것을 일기로 쓰면
평생 잊지 않고 기억할 수 있지."

"나무가 튼튼해지기 위해 햇살과 물이 필요하듯
우리도 마음의 건강을 위해 일기 쓰기가 필요하단다."

"세상에는 시간보다 중요한 게 있지.
바로 네가 보낸 시간을 글로 남기는 거야."

"오늘 배운 내용을 일기에 쓰면
내일 무엇을 배워야 하는지 알 수 있어."

일기를 쓴다는 건 소중하고 중요한 일입니다. 자신이라는 거대한 지성을 움직이며 세상 곳곳에 있는 영감과 지혜를 자기 안에 담는 과정이니까요. 한 달만 꾸준히 해도 눈에 보이는 변화를 목격할 수 있습니다. 아무래도 시간적 여유가 있는 방학 동안에 하면 더욱 좋겠지요. 쓰지 않으면 모두 사라집니다. 하지만 쓸 수 있다면 보고 들은 것을 모두 나만의 지식으로 변주해서 가질 수 있습니다. 만약 여러분의 아이가 공부를 좋아하지 않거나, 앞으로 그럴 기미가 보인다면 꼭 기억하세요. 일기를 쓰는 만큼 여러분의 아이는 점점 공부에 흥미를 가질 가능성이 높아집니다.

3장

집중력과 기억력을
높여 주는
대화 11일

"이게 뭐야? 저건 왜 저래?"라고 묻는 아이에게 들려주면 좋은 말들

"엄마, 이게 뭐야?"

"아빠, 저건 왜 저래?"

아이들은 성장하면서 이런 질문을 자주 합니다. 특히 8세 이하의 유년기 아이에게는 이런 질문이 마치 일상과도 같죠. 이때 많은 부모가 아이가 던진 질문에 대한 답을 제대로 해주는 게 좋다고 생각해, 귀찮더라도 정성을 다해 답하곤 합니다. 그러나 때로는 일상의 작은 일들부터 공부에 대한 것까지 모든 것을 부모에게 묻고, 제대로 된 답을 얻지 못하면 약간 실망한 표정으로 이렇게 말하기도 하죠.

"엄마 아빠는 그것도 몰라?"

"대학도 나왔다며 왜 몰라?"

"어른이 그것도 모르는 거야?"

교육적으로 물론 중요하지만, 삶을 대하는 아이의 태도까지 결정할 수 있기 때문에 매우 중요한 지점입니다. 가장 지혜롭게 그러나 차분하게 대응하려면 먼저, 이런 대전제를 정하고 계셔야 합니다.

"부모가 모든 것을 다 알 수는 없으며,
군이 그럴 필요도 없다."

단순히 세상의 답을 알려 주는 게 중요한 게 아니기 때문입니다. 아이의 뇌를 깨우고, 배운 것을 더 오래 기억해 자기 것으로 소화할 수 있게 하려면 다음의 사실을 알아야 합니다.

"아이가 스스로 자신의 생각을 설명할 수 있게 해야 한다.
아이는 그간 몰랐던 것들을 하나하나 매일 설명하면서
점점 더 예술가적인 시각을 내면에 장착하게 된다.
그런 기적은 부모만이 줄 수 있는 것이다."

그리고 이 가치를 전하고 싶다면, 아이가 무언가를 질문할 때마다 이렇게 말해 주시면 됩니다.

"엄마(아빠)는 이렇게 생각하는데,
네 생각은 어떠니?
한번 설명해 줄 수 있겠니?"

유년기의 어린아이들은, 이 질문 하나를 통해서 세상을 바라보는 시각을 결정하고 그 결과 사유의 폭과 깊이까지 바뀌게 됩니다. 그러니 아무리 강조해도 부족함이 없죠. 중요한 건 부모의 답이 아니라 아이의 생각이며, 그것보다 더 중요한 것은 아이가 자신의 생각을 상대방에게 설명할 수 있어야 한다는 사실입니다. 모든 아이는 각자의 분야에서 영재가 될 수 있습니다. 잠든 두뇌를 깨울 수 있다면 말이죠. 이때 가장 중요한 역할을 하는 것이 바로 '생각한 것을 설명하는 힘'입니다.

모든 아이가 무언가를 보며 생각하고 있지만, 그 생각을 누군가에게 설명할 수 있는 아이는 소수입니다. 설명할 수 있는 아이로 키우려면 다른 건 필요 없습니다. 단지, 이 말을 통해 설명하는 삶을 허락하기만 하면 됩니다. 아이에게 습관처럼 자주 질문해 주세요. 아이의 모든 것을 이전과 이후로 바꿀 기적과도 같은 말이니, 다시 한번 강조합니다.

"엄마(아빠)는 이렇게 생각하는데,

네 생각은 어떠니?

한번 설명해 줄 수 있겠니?"

철학자 칸트는 "내용 없는 사고는 공허하고, 개념 없는 직관은 맹목적이다"라고 말했죠. 설명하는 삶의 가치와 힘을 보여준 말이라고 할 수 있습니다. 유년기 아이들은 자신이 보고 듣고 느낀 것을 설명하며, 대상의 내용과 개념을 스스로 찾아 내면에 쌓을 수 있습니다. 그런 과정에서 아이의 두뇌가 발달하고 최적화되며, 집중력과 기억력도 자라날 수 있죠. 오늘부터 그 한마디를 들려주세요.

스마트폰과 게임에 빠진 아이의
공부 집중력을 끌어올려 주는 말

"우리 아이는 좀처럼 책을 읽지 않아요."

"시험 기간인데도 스마트폰에 빠져서,

밤새 게임하고 유튜브만 시청해요."

"학원에 아무리 다녀도 나아지지 않네요."

스마트폰과 게임에 빠진 아이 문제로 고민하고 계시는 부모님들께, 말을 통해 아이의 공부 집중력을 높이는 매우 생산적인 방법을 알려 드립니다.

먼저 이 사실을 알고 계셔야 합니다. 위의 문제로 고민하고 있는 가정 역시 처음부터 아이가 책을 읽지 않거나, 공부에 집중하지 못했던 건 아니라는 사실입니다. 부모의 잘못된 말(물론 사랑에서 나온 말이지만)이 아이를 독서와 공부에서 멀어지게 만들고, 그게 쌓여서 점점 책을 읽지 않고 공부하기를 싫어하는 지금의 아이가 완성된 거죠.

"나는 절대로 그렇게 말하지 않았는데!"라고 응수할 수도 있겠지만, 실제로 많은 가정에서 이런 일이 일어납니다.

"저, 이번에 영어 점수가 10점이나 올랐어요."

아이가 기쁜 표정으로 이렇게 외치며 다가오면, 마음과는 달리 부모의 입에서는 순식간에 이런 말이 나옵니다.

"영어만 오르면 되니?"

"국어랑 수학은 어떻게 됐어?"

"반 평균이 오른 거야,

네 점수만 오른 거야?"

"문제가 쉽게 나온 거 아냐?

점수가 아니라 등수를 봐야지!"

누군가는 '에이, 세상에 어떤 부모가 자식에게 그런 이야기를 하겠어?'라고 생각할 수 있지만, 의식하지 않고 말을 시작하면 누구나 그렇게 말하게 될 가능성이 높아집니다. 이런 식의 이야기를 자주 들은 아이는 결국 조금씩 의욕을 잃고, 나중에는 책을 펼쳐놓고 딴짓만 하는 아이가 됩니다. 가장 사랑하는 부모가 자신의 노력과 변화를 전혀 인정하지 않으면 끈기가 사라지죠. 그런

날들이 쌓여서 결국 공부를 포기하고 싶다는 생각까지 하게 됩니다. 그럴 때 아이에게 들려주면 좋은 말을 소개합니다. 마음을 담아 읽어 주세요.

"배우는 건 결코 쉬운 일이 아니야.
하지만 노력하면 점점 나아진단다."

"널 유혹하는 게 정말 많을 거야.
때론 틀리고 속도가 느려도
우린 늘 널 믿고 있어."

"배움의 양은 전혀 중요하지 않아.
하나라도 스스로 깨닫는 과정이 중요하지."

"괜찮아. 책상 앞에 앉으면
누구나 자꾸 딴짓을 하기 마련이야.
다시 마음을 잡고 공부를 시작하면 되는 거야."

"공부가 잘되지 않는다고 너무 걱정하지 마.
지금은 공부할 준비를 하고 있는 거니까."

잘하려고 노력하는 아이에게 왜 자꾸 못한다는 말만 하게 되는 걸까요? 잘하는 부분을 보여주며 칭찬과 격려를 원하는 눈빛을 보내는데, 왜 굳이 못하는 부분을 펼쳐서 그게 부족하다고 비판하는 걸까요? 부모 마음도 이해하지 못하는 건 아닙니다. 내 아이가 더 잘하면 좋겠고, 못하는 부분까지 신경을 써서 약점을 보완하면 좋겠다는 생각을 하기 때문이죠. 모든 것이 사랑에서 나온 것이지만, 이걸 한번 생각해 볼 필요는 있어요.

"내가 주려는 사랑과 아이가 받길 원하는 사랑은 정말 같은 것인가?"

사랑이 아무리 뜨거워도 방향이 다르면 서로 만날 수 없어서 온기를 느낄 수 없습니다. 그래서 많은 부모가 아이를 사랑한다고 크게 외치지만, 다른 한 구석에서는 많은 아이들이 "부모님은 나를 사랑하지 않아!"라며 울고 있죠. 서로를 향한 온기는 태양처럼 뜨겁지만, 향하는 방향이 달라 온기를 느낄 수 없어 생기는 안타까운 현실입니다.

굳이 하라고 말하지 않아도 스스로 공부하는 아이, 해야 할 일을 찾아서 알아서 해내는 아이, 그리고 집중해서 그 일을 끝까지 해내는 아이로 만드는 법은 정말 간단합니다. 부모의 사랑을 만나게 해주면 됩니다. 아이는 부모가 자신을 사랑하고 있다는 사실을 알게 되는 순간, 삶의 안정성을 느끼며 본격적으로 자신을 탐구하기 시작하죠. 공부하게 된다는 말입니다. 위에 소개한 말을 아이에게 그리고 부모님 자신에게도 들려주며 지금부터 그 삶을 시작해 보세요.

충동적이고 산만한 아이에게
들려주면 집중하는 말

"안 돼! 그거 만지지 말라고!"

"밥 먹을 때는 좀 가만히 앉아 있어!"

"의자에 엉덩이가 닿을 때가 없구나!"

혹시 오늘도 이렇게 아이를 향해 샤우팅을 하셨나요? 부모 마음도 편하지는 않죠. 사실 아이를 혼내면서도 한편으로는 걱정이 됩니다.

'내 아이가 좀 이상한 게 아닐까?'

'원래 애들은 다 이런가?'

'병이라도 있는 건 아닌가?'

먼저 정확한 구분이 필요합니다. '산만한 아이'와 '활발한 아이'는 전혀 다르기 때문입니다. 결정적인 차이점은 '분명한 목표가 있는가?'와 '자의든 타의든 자신을 제어할 수 있는가?'에 있습니다. 말과 행동에 분명한 목표가 있고 동시에 스스로를 제어할 수 있다면 '활발한 것'이고, 그게 아니라면 '산만한 것'이라고 말할 수 있습니다. 이 부분이 매우 중요하니 필사로 눈과 마음에 담아 보는 것도 좋습니다.

충동적이고 산만한 아이에게는 이런 공통점이 있죠.

① 상대방의 질문이 끝나기도 전에 먼저 답하려 하고
② 친구가 하는 일을 자꾸만 방해하고
③ 어떻게든 못된 말과 행동으로 중단시키려 하고
④ 안절부절못하는 모습을 보이면서
⑤ 사방을 휘젓고 다니며 혼란을 가중하죠.

하지만 너무 심각해서 병원에 갈 정도의 문제가 아닌 이상, 부모의 말과 대화로 변화시킬 수 있으니 잘 읽어 주세요.

충동적이며 산만한 아이를 바꾸는 말을 3가지 방식으로 구분했습니다. 모두 각자 예를 들어서 설명했으니, 제가 제안한 말을 전부 암기해서 내면에 각인하겠다는 생각으로 읽어 주세요.

쉽게 되지 않는다면 추가로 낭독하고 필사해서, 반드시 나의 것
으로 만들겠다는 강력한 의지가 필요합니다.

1. 아이의 생각과 행동을 바꿔, 뭐든 천천히 하는 연습을 하게
해주세요.

"우리 늘 한 번 더 생각하고 말하는 게 어떨까?
더 생각하면 더 좋은 생각이 나타나니까."

"말이든 행동이든 굳이 서둘러서 할 필요는 없어.
엄마는 언제든 기다릴 준비를 마친 상태이니까."

2. 일상에서 자신의 시간을 즐길 수 있도록, 휴식의 가치를 알
려 주세요.

"쉬는 건 아무것도 하지 않고 노는 게 아니야.
더 멋지게 무언가를 하기 위한 투자란다."

"뛰기만 하는 건 누구나 할 수 있지만,
멈출 적당한 순간을 측정하고 과거의 말과
행동을 돌아보는 건 많은 용기가 필요한 일이란다."

3. 무섭게 꾸짖지 말고, 적절한 태도를 알려 주세요.

"엎지른 물을 보며 걱정할 필요는 없어.
조금씩 닦으면 처음처럼 만들 수 있으니까."

"와, 이번에는 책을 정말 빠르게 읽었구나.
우리 다음에는 조금만 천천히 읽어볼까?
혹시 지나친 부분이 있으면 마음 아프잖아."

충동적이고 산만한 아이는 앞에 소개한 부모의 말을 통해 바 뀔 수 있습니다. 아니, 사실 꼭 바뀔 필요가 있습니다. 너무 심각한 경우에는 학교나 학원에서 교육 자체가 쉽지 않기 때문입니다. 아이가 배우려는 태도를 갖지 못한 상태에서 일어나는 모든 교육은 아이의 내면까지 도달할 수 없어서, 아이와 가르치는 선 생님 모두에게 시간 낭비일 뿐입니다.

아이의 교육과 삶의 질을 높이기 위해서라도 필요한 부분이 니 꼭 기억해 주시고 일상에서 실천해 주세요. 배우려는 태도와 일상의 자세가 아이의 모든 삶의 질을 결정합니다. 그리고 그런 아이의 태도는 부모의 적절한 말을 통해 누구나 언제든 어렵지 않게 가질 수 있습니다.

수많은 건전지와 버튼이 달린 장난감이 아이를 바보로 만듭니다

자극적인 제목이죠. 그럼에도 불구하고 제가 이렇게 쓴 이유는 아이의 지능과 성장에 정말 중요한 문제이기 때문입니다. 세상에는 참 다양한 장난감이 있죠. 건전지를 넣고 버튼을 누르면 자동차가 빠르게 움직이고, 인형이 노래를 부르며 춤도 춥니다. 그걸 본 아이의 눈은 순식간에 휘둥그레지죠. 사실 매우 당연한 광경입니다. 그런 걸 본 적이 없는 아이 입장에서는 말도 안 되는 기적과도 같은 장면을 목격한 거니까요.

하지만 아이의 눈과 표정과는 다르게 그 안에서는 어떤 일이 일어나고 있을까요? 첨단기술이 접목된 장난감을 갖고 놀수록,

아이는 자꾸만 상상력을 잃게 됩니다. 이렇게 응수할 수도 있죠.

"멋진 기술이 적용된 장난감을 갖고 놀다 보면 호기심이 발동해서, 오히려 상상력이 넘치게 되지 않나요?"

충분히 제기할 수 있는 질문입니다. 하지만 현실은 쉽지 않다는 걸, 아래 5가지 이유를 들어 여러분께 자세하게 설명해 보겠습니다.

1. 생각의 정지

첨단기술이 접목된 장난감을 갖고 아이가 할 수 있는 건, 버튼을 누르고 그저 지켜보는 일입니다.

2. 감정의 정지

아이가 개입해서 움직임을 바꿀 수도 없고, 협조를 하거나 감정이 섞일 가능성도 없습니다.

3. 노력의 정지

멍하니 바라만 보면 모든 것이 다 이루어지니, 손으로 직접 하나하나 쌓는 기쁨도 사라집니다.

4. 창의력의 정지

스스로 생각하고 상상하는 대신, 누군가 상상한 게임이라는 세상 속에서 쉽고 편리한 것만 찾게 됩니다.

5. 집중력의 정지

인내심이 사라지기 때문에 하나의 사건과 물체에 집중하며 주의를 기울이는 능력이 급격히 떨어집니다.

생각, 감정, 노력, 창의력, 집중력 등 아이 삶에 반드시 필요한 능력이 정지됩니다. 버튼을 누르는 건, 결국 아이의 5가지 능력의 정지 버튼을 누르는 것과 같은 것입니다. 기계가 움직이기 시작한다는 것은 반대로 아이의 생각이 멈추기 시작한다는 사실을 의미합니다. 첨단기술이 접목된 장난감을 갖고 놀아야 아이가 시대에 뒤처지지 않는다고 말할 수도 있어요.

"그런 것도 가지고 놀아야 뒤처지지 않고 트렌드와 현실을 자각할 수 있지 않을까요?"

맞는 말입니다. 하지만 본질은 여기에 있죠.

"스스로 생각하고 행동할 수 있는 아이는 어떤 세상이 와도 앞서 나갑니다. 기술적으로도 학습적으로도 말이죠. 뭐든 스스로 시작해서 가장 근사한 것을 창조합니다."

이런 식의 놀이로 일상을 채워 주시는 게 좋습니다.

① 다양한 방식으로 변주해서 놀 수 있는 것

② 성취감을 느끼며 놀 수 있는 것

③ 중독이 되지 않고 주도할 수 있는 것

④ 스스로 변화를 줄 수 있는 것

⑤ 건전지와 버튼이 없는 것

아이에게 가장 멋진 삶은 주도적으로 생각하고 거기에 집중하며 무언가 하나를 세상에 꺼내는 일상에 있죠. 위에 제시한 5가지 사항을 잊지 마세요. 단지 건전지와 버튼을 누르며 소비만 하는 아이가 아닌, 또 다른 건전지와 버튼을 만들 수 있는 창조적인 사람으로 성장할 수 있게, 일상을 멋진 생각으로 채워 주세요.

성공하는 '책 육아'는
질문이 다릅니다

여러분이 지금 이 책을 읽는 마음이 어떤지 저는 잘 알고 있습니다. 아이를 향한 사랑과 더 성장하고 싶은 절실한 마음이 모두 녹아 있죠. '책 육아'는 그 모든 것을 현실로 만들 수 있게 돕는 매우 좋은 교육 수단입니다. 하지만 어떤 부모는 책 육아로 영어, 중국어, 그 힘들다는 수학까지 완벽하게 교육하는 반면, 어떤 부모는 별 효과를 확인하지 못하고 늘 지지부진하게 끝납니다. 그 이유는 부모의 재능이나 지능 혹은 환경이 아닌 '질문'에 집중되어 있습니다. 어떤 결과나 변화를 이끌어내지 못하는 부모는 책을 읽으며 늘 이런 생각만 하죠.

'이걸 우리 아이가 할 수 있을까?'

세상에서 가장 발전 가능성이 낮은 질문입니다. 이런 질문을 습관처럼 하는 부모에게서 자란 아이들은 공통적으로 3가지 문제가 나타나죠.

① 새로운 일에 도전하지 않는다.
② 학습 능력과 집중력이 현저하게 떨어진다.
③ 자존감이 낮고 적응력도 떨어진다.

이렇게 차이가 나는 이유가 뭘까요? '이걸 우리 아이가 할 수 있을까?'라는 이 질문 속에는 다음의 의미가 녹아 있습니다.

① 우리 아이는 5살이라 이건 못하지.
② 이건 8살은 되어야 가능하지.
③ 환경이 좋으니까 가능한 거지.

아이에게 직접 적용해 본 경험 없이 그저 자신의 생각으로 판단해서 아이의 가능성을 차단하는 것입니다. 이런 방식의 생각은 그대로 아이에게 전수가 되죠. 그래서 위에 제시한 3가지 문제가 나타나는 겁니다. 부모의 말은 곧 아이가 살아갈 현실이 되니까요.

어떤 부모는 책 100권을 읽고 1개의 실천법을 찾아내지만, 어떤 부모는 책 1권을 읽고 100개의 실천법을 찾습니다. 이유가 뭘까요? 책 육아를 대하는 '질문'을 바꿨기 때문입니다. 1권을 읽고 100개의 실천법을 찾아내는 부모는 독서를 하며 이렇게 질문하죠.

'이걸 우리 아이에게 적용하려면 어떻게 해야 할까?'

이게 왜 아이를 성장시킬 기적의 질문일까요? '이걸 우리 아이에게 적용하려면 어떻게 해야 할까?'라는 이 질문을 통해 우리는 바로 다음의 생각 과정을 경험하게 됩니다.

① 정기적으로 아이의 현재 수준을 정확히 파악할 수 있다.
② 부모가 아이만을 위한 최고의 방법을 스스로 찾게 된다.
③ 주변의 모든 것에서 아이를 성장시킬 영감과 메시지를 발견하게 된다.

늘 안 되는 것만 보는 부모는 책 100권을 읽어도 안 될 이유 100개만 찾습니다. 뭘 읽어도 안 되는 이유를 찾는 거죠. 그런 책 육아는 부모와 아이 모두에게 시간 낭비일 뿐입니다. 부모는 아이의 가능성을 제한하고, 아이는 책에 집중하지 못하게 됩니다. 물론 힘든 마음은 이해합니다. 하지만 질문 하나만 살짝 바꾸면 되는 일이니, 이제는 '우리 아이만을 위한 가능성을 찾아내는 독서'를 시작해 보시는 게 어떨까요? 부모가 사소하다고 생각한 질문 하나만 바꿔도 아이의 삶은 위대해집니다.

배운 것을 효율적으로
기억하게 해주는 질문

여러분의 학창 시절을 한번 떠올려 보시겠어요? 영어 단어를 암기할 때 어떻게 했나요? 아마 주로 사용하는 방법은 노트에 반복해서 쓰면서 점점 익숙해지게 만드는 것이었을 겁니다. 과거에 이런 방식의 숙제를 많이 했죠.

"오늘 숙제는 1단원에 나온 단어를 20번씩 써서 오는 거야."

이 숙제에 대해서 여러분은 어떤 생각을 하시나요? 뭔가 이상하지 않나요? 여기에 아이의 생각을 효율적으로 자극할 수 있는 지점이 하나 있습니다. 바로 암기하려고 쓰는 횟수를 스스로 생각하고 결정하게 만드는 것이죠. 어쩔 수 없이 써야 한다고 생각하지 않고, '왜 그래야 하는지'를 생각하면 같은 지점에서도 다르게 활용할 방법이 보이죠.

예를 들어, 앞서 말한 것처럼 보통 우리는 영어 단어를 반복해서 쓰면서 암기할 때 이런 방식으로 접근합니다.

"단어 20개를 암기해야 하니까, 모든 단어를 30번씩 노트에 쓰자."

그런데 생각해 보면, 사실 이건 매우 비합리적인 선택입니다. 동시에 아이의 생각과 기억을 자극할 수 없는 비논리적인 접근이기도 하죠. 모든 단어를 전부 동일하게 30번씩 쓸 필요는 없기 때문입니다. 단어의 수준에 따라서 10번만 쓰면 암기할 수 있는 것도 있고, 30번을 써야 암기할 수 있는 단어도 있기 때문이죠. 물론 40번은 써야 암기할 수 있는 어려운 단어도 있죠. 아이의 생각을 자극하면서 효율적으로 생각할 수 있는 사람으로 키우려면 이런 질문이 필요합니다.

"이 단어는 몇 번을 쓰면
암기할 수 있을까?"

"이 책은 몇 번을 읽으면
모두 이해할 수 있을까?"

"이 문제는 얼마나 더 풀어야
익숙하게 풀 수 있게 될까?"

열심히는 하지만 결과가 좋지 않은 아이들은 이런 질문을 통해 기억의 효율성을 높이지 않고, 쉬운 일들까지도 많은 노력을 들여 시간을 허비합니다. 안타까운 일은 거기에서 끝나지 않죠. 쓸데없는 곳에 너무 많은 시간을 투자했기 때문에, 정작 중요하면서 시간이 많이 필요한 곳에는 제대로 시간을 낼 수 없습니다. 그러다 보면 이것도 저것도 아닌 결과가 나오게 되죠. 그런 아이들에게 이렇게 질문하면, 아이는 비로소 생각을 시작합니다. 이렇게 말이죠.

'이 단어는 나한테 조금 어려우니 30번을 써야 할 것 같은데, 저 단어는 익숙한 거라 20번이면 적당할 것 같네. 또 이 단어는 아는 단어라 연습한다고 치고 5번만 쓰자. 좋아, 완벽해!'

이런 방식이 좀 더 발전하게 되면, 스스로 다음과 같은 질문을 하면서 더욱 효율적인 방법을 찾을 수 있겠죠.

'무엇이 더 어렵고 무엇이 더 쉬울까?'

'이 과목은 몇 번을 복습해야 하지?'

'시간을 어떻게 나눠야 모두 해낼 수 있지?'

'시간이 모자라네. 그럼 게임하는 시간을 줄이자.'

이렇게 시간을 철저하게 계산하고 나중에는 게임하는 시간까지 줄이며 공부를 하게 됩니다. 생각지 못한 장점이 이렇게 곳곳에서 나오죠.

매우 놀라운 변화입니다. 부모의 한마디 말이 아이가 배운 것을 효율적으로 기억하게 해줄 뿐 아니라, 공부와 시간을 대하는 태도까지 바꾼 것입니다. 그래서 부모는 말 공부가 필요합니다. 단순히 말을 잘하는 게 아니라, 순간순간 아이에게 가장 적절하게 말할 줄 아는 능력이 필요한 거죠.

공부가 힘들다는 아이에게
"최선을 다해!"라는 말이 최악인 이유

"너는 진정성이 부족해!"

"왜 늘 최선을 다하지 않는 거야!"

우리가 자주 하는 말입니다. 그런데 하나 생각할 부분이 있어요. 바로 이것 '진정성'과 '최선'은 매우 주관적인 표현이라는 사실입니다. 내가 기울인 노력의 가치를 타인이 마음대로 재단하는 것이기 때문이죠. 우리는 아이가 얼마나 노력하고 분투했는지 제대로 인식하지 못한 상태에서 단순히 눈에 보이는 결과만 보고 판단합니다.

"최선을 다했다면 더 잘했겠지!"

"진정성이 있었다면 결과가 좋았겠지!"

단순히 결과에서 나오는 숫자의 크기만 보며, 아이에게 진정성이 없었고 최선을 다하지 않았다고 생각하는 셈이죠. 이건 어른이 들어도 매우 기분 나쁜 상황입니다. 나의 노력을 함부로 평가하고 재단한 것이기 때문입니다.

"저, 공부하는 게 너무 힘들어요."

"공부에 집중하기 힘들어요."

이렇게 아이가 힘들다고 말한다는 것은, 이미 공부에 자신의 최선을 다하고 있다는 의미입니다. 이 지점에서 충분히 아이 마음을 이해해야 합니다. 그 안에 숨어 있는 보이지 않는 시도와 노력을 보셔야 합니다. 지금 왜 공부가 힘들다고 말하는 걸까요? 아이도 공부를 잘하고 싶어서 있는 힘을 다해 싸우고 있으니 힘이 든 거죠. 열심히 하지 않아서 힘든 게 아니라, 최선을 다하고 있기 때문에 힘든 겁니다. 그런 아이에게 또 최선을 다하라는 부모의 말은 상처로 남을 뿐입니다.

'힘들다'라는 아이의 말은 '나를 좀 위로해 줘'라고 도움을 청하는 메시지입니다. 사랑하는 부모님에게 마지막으로 도움을 청하는 거죠. 힘든 사람에게 더 힘을 내라는 말은, 어른이 들어도 견디기 힘든 말입니다. 반발심이 생기고 실망하게 되죠.

태어나면서부터 모든 아이는 자신도 모르는 사이에 공부를 시작합니다. 걸음마부터 양치질까지, 삶을 구성하는 모든 것이

다 공부의 일부이기 때문이죠. 어릴 때부터 다음에 소개하는 이 야기를 자주 들려주면, 아이가 커서도 공부를 덜 힘들어하고 끈기 있게 해낼 수 있을 거예요.

"이기려고 하는 공부는
너를 힘들게 만들지만,
도움을 주려고 하는 공부는
너를 기쁘게 만들어 준단다."

"공부는 책상에 앉아서만
할 수 있는 건 아니야.
꽃이 피는 장면을 보면서도
우리는 생명의 가치를 배울 수 있지."

"공부는 시간과 태도의 예술이란다.
차분하게 오랫동안 반복하면
우리가 보낸 시간을 통해
근사한 세상을 만날 수 있어."

"'여기에 반드시 무언가 있다.'
이 생각으로 하루를 보내면,

우리는 교과서에서도 배울 수 없는
수많은 깨달음을 얻을 수 있단다."

"시험을 통해 우리는
공부한 결과를 만나게 되지.
하지만 점수에 연연하지 말자.
어떤 점수도 네가 공부한 시간을
지울 수는 없으니까."

"공부하다가 딴짓을 할 수도 있어.
하지만 중요한 건 왜 딴짓을 하는지
설명할 수 있어야 한다는 거야.
만약 설명할 수 있다면 너의 딴짓은
공부 이상의 가치를 갖고 있는 거지."

"더 열심히 공부해야지!"
"얼른 집중해야지!"
"넌 노력이 부족해!"
"친구들 공부하는 것 좀 봐라!"
이런 이야기는 아이에게 별 도움이 되지 않습니다. 자신도
이미 알고 있는 말이기 때문이죠. 그래서 더욱 어릴 때부터 공부

의 가치를 알려주며, 자연스럽게 공부하는 태도를 갖게 만들어
주는 게 중요합니다. 위에 제시한 방식의 말을 자주 듣고 낭독과
필사로 나눈 아이는 '공부는 힘든 거다'라는 세상이 만든 공식에
서 벗어나, 자기만의 방식으로 공부를 새롭게 정의하게 됩니다.

"매일 접하는 '말'이 달라지면,
매일 만나는 '삶'이 달라집니다."

부모와 아이 모두에게는
반드시 혼자 있는 시간이 필요합니다

아이에게 혼자만의 시간이 필요하다고 말하면 이렇게 이해하는 부모가 가끔 있습니다. "혼자 있는 시간에 독서나 공부를 하라는 거죠?" 전혀 그렇지 않습니다. 오히려 그 반대죠. 독서나 공부를 한 후에는 혼자서 아무것도 하지 않고 그야말로 '멍하니' 있는 시간이 필요합니다. 아이도 그렇고 일상에 지친 부모에게도 그렇습니다.

다만 아이와 부모에게는 그 필요성의 방향이 조금은 다릅니다. 아이는 학교나 학원에서 배운 것을 자기만의 것으로 변주하기 위해서, 혹은 차분하게 생각하며 머릿속에 쌓기 위해서 혼자 있는 시간이 필요합니다. 부모는 지친 몸과 마음을 차분하게 가라앉히기 위해서 혼자서 아무것도 하지 않고 그저 머물러 있는 시간이 필요하죠.

그 시간의 길이는 그렇게 중요하지 않습니다. 일상을 보내며 중간중간 5~10분 정도 시간을 내면 충분합니다. 사실 아이와 부모가 그 이상 떨어져 지내는 건 현실상 불가능하니까요. 또한, 하루에 몇 번 정도 아이와 그렇게 떨어져서 자기만의 시간을 갖는 것만으로도 충분히 좋은 효과를 낼 수 있습니다. 어린아이 역시도 가능합니다.

특히 아이가 무언가에 집중하고 있을 때, 다가가 말을 거는 것도 좋지만 충분히 그 시간을 자신을 위해 보낼 수 있도록 아이는 아이대로 두고 부모는 짧게라도 자기만의 시간을 가지면 좋습니다. 놀면서 중간중간 생각하는 시간을 가져야 그 시간을 내면에 담을 수 있습니다. 또 그럼으로써 아이는 자신이 하고 있는 일에 더 집중할 수 있고, 학습한 것에 대해 오래 기억할 수 있죠.

"또 무슨 짓을 하고 있니!

거기에서 혼자 뭐 하는 거야?"

"할 게 없으면 이리로 와서

운동이라도 좀 해!"

"멍하니 있을 시간에 책이라도

읽으면 얼마나 좋을까!"

아이들을 혼자 두는 걸 두려워하거나, 그 시간이 쓸모 없이 사라지고 있다고 생각하시는 부모님도 있습니다. 맞아요. 충분히 그렇게 생각하실 수 있습니다. 하지만 이제 막 세상을 하나, 둘 배워 나가는 아이에게는 꼭 멍하니 있는 시간이 필요합니다. 배우고 듣고 읽은 것을 그 시간을 통해 머리에 담기 때문입니다.

아이가 혼자서 멍하니 있는 시간은 그냥 사라지는 시간이 아니라, 세상에 존재하는 모두의 지식을 자기만의 것으로 변주하고 머릿속에 담는 시간이라고 생각하시면 됩니다. 스스로 독립적인 존재가 되려고 분투하는 시간인 셈이죠. 그럴 때는 충분히 혼자의 시간을 허락만 해주시면 됩니다.

아이의 공부 의욕과 집중력을
무참하게 꺾는 부모의 15가지 말

아이는 직접적으로 자신에게 하는 말이 아닌, 부모가 일상에서 친구나 가족 혹은 허공에 푸념처럼 하는 말에도 큰 영향을 받습니다. 내면과 정서, 지적 능력 등 다양하겠지만, 특히 공부에 영향을 미치죠.

아이의 학습 의지와 집중력을 떨어뜨리는 부모의 말을 소개합니다. 아이들 앞에서는 이런 말을 꼭 주의해 주세요. 자신도 모르게 나오는 말들이니, 특별히 "꼭 하지 말아야겠다!"라는 의지를 갖고 있어야 제어할 수 있습니다.

"다 먹고 살려고 하는 일이지."

"사는 게 뭐 별것 있나."

"적당히 중간만 가면 되지."

"괜히 나서지 말자. 힘들기만 해."

"편하게 살자. 그런 건 몰라도 괜찮아."

"난 그 분야에 재능이 없어서 힘들어."

"내 팔자가 그럼 그렇지, 뭐."

"복권 당첨이라도 되면 다 때려 쳐야지!"

"그건 아무나 할 수 있는 일이 아니야."

"딱 기다려, 인생 결국 한방이야!"

"역시 되는 사람만 되는 거지, 뭐."

"내가 너 때문에 진짜 이게 뭔 고생이냐!"

"공부하면 뭐 달라지나?

어차피 있는 놈들이 다 가져가는데."

"노력한다고 운명이 달라질 수 있겠어?"

"너무 어려운 건 하지 마.

나중에 네가 다 책임져야 해!"

맞아요. 살다 보면 이런 말이 절로 나오는 순간이 있죠. 그러나 어쩌다가 한 번 나오는 말이 아니라 이렇게 모든 가능성을 부정하며, 노력하고 공부하는 힘을 상대적으로 낮추는 말이 습관이 된다면, 옆에 있는 아이들이 공부에 집중할 수가 없습니다. 이렇게 듣기만 해도 맥이 탁 풀리는 의욕 없는 부모의 말이 아이의 공부 의지까지 꺾어버리니까요. 아이가 스스로 공부하도록 의지를 자극하는 일은 매우 어렵고 오랜 시간이 걸리는 일이지만, 반대로 높아진 집중력과 흥미, 의욕을 꺾는 건 순식간에 벌어진다는 사실을 기억해 주세요.

"교육은 교실에서 이루어지지만,
그것을 완성하는 건 부모의 말입니다."

같은 걸 묻고 또 묻는
아이들에게 들려주면 좋은 말

"아까 대답했잖아!"

"왜 자꾸 같은 걸 또 묻는 거야!"

"지금 엄마랑 장난하니?"

참 이상하죠. 왜 아이들은 같은 걸 자꾸 묻는 걸까요? 아이의 모든 행동에는 나름의 이유가 있습니다. 묻고 또 묻는 행동 역시 중요한 이유가 있죠. 그건 바로 '자기 삶의 천재'가 되는 과정이기 때문입니다.

천재성이란 무엇을 말하는 걸까요? 아이는 자신이 생각하는 것을, 그걸 모르는 타인에게 설명하는 과정에서 자기만의 특별한 천재성을 발견하고 평생의 지적 무기로 활용하게 됩니다. 그래서 일상에서 부모와 나누는 묻고 답하는 시간이 매우 중요한 거죠.

아이가 같은 것을 묻고 또 묻는 이유는 부모와 대화에 집중하지 못했거나 알게 된 것을 금세 까먹었기 때문이 아니라, 오히려 자신이 방금 알게 된 것에 대해 '더 정확하게 알기 위해서'입니다. 배운 것을 내면에 지워지지 않는 문신처럼 새겨 오래 기억하기 위해, 좀 더 명확한 자기만의 언어로 설명하려는 거죠.

부모는 아이가 스스로 질문을 멈출 때까지 최대한 친절하게 답해주는 게 가장 좋습니다. 그럴 때 아이의 지성을 더욱 확장해주는 이런 '가치의 언어'를 들려주면 좋습니다. 그냥 보통의 말로 대화를 나누는 것보다, 10배 이상의 더 깊은 지성을 아이에게 선물할 수 있습니다. 새롭게 알게 된 사실을 완전히 자기 것으로 만들 수 있기 때문이죠.

"더 정확하게 알고 싶어서
또 묻는 거구나."

"생각하고 또 생각하면,
생각하기 전에는 몰랐던
근사한 사실을 깨닫게 되지."

"같은 것도 다르게 바라보면,
다른 사실에 대해서 알 수 있단다."

"오늘은 또 어떤 새로운
사실을 발견할 수 있을까?"

　자기 삶의 천재가 된다는 것은 생각처럼 그리 어려운 일이 아닙니다. 스스로 무엇을 원하는지 알고 있고, 그걸 자기 언어로 표현할 수 있다면 누구든 도달할 수 있는 지점이니까요. 아이와의 대화를 매일 떠나는 탐험이라고 생각하며 함께 즐길 수 있다면, 아이와 부모 모두가 원하는 것을 쉽게 가질 수 있습니다.

화내지 않고
아이의 기억을 자극하는 말

많은 부모가 아침에는 새로운 기분으로 하루를 시작합니다. 최대한 웃는 얼굴로 방금 잠에서 깨어난 예쁜 아이를 맞이하죠. 하지만 조금씩 시간이 지나면서 인내심의 한계에 도달하게 되고, 결국에는 아이에게 화를 냅니다. 주로 이런 방식의 화가 많죠.

"너, 장난감 정리하라고 했어, 안 했어!"

"밥 먹었으면 가서 양치질하라고!"

"잠자기 전에 숙제 다 해야지!"

우리가 이렇게 자신도 모르게 화를 내는 이유는, 아이가 내 생각대로 움직여 주지 않아서 그 사실에 크게 실망했기 때문입니다. 아이가 아닌 자신에게 자꾸만 화가 나기 때문이죠. 그렇다면 어떻게 화를 내지 않고 아이의 기억을 자극해 줄 수 있을까요? 아이가 스스로 생각해 움직이게 해야 하고, 그러기 위해서는 말하는 방식을 바꾸는 게 좋습니다. 오랫동안 사용한 지적하거나 명령을 내리는 방법으로는 통하지 않았으니까요. 지적과 명령에는 '생각의 유전자'가 없습니다. 이런 식의 말로 바꿔서 말하면 바로 효과를 느낄 수 있습니다.

1. "혹시 깜빡 잊은 거 아니지?"
2. "아직 기억하고 있지?"
3. "잘 알고 있지?"

3개의 표현을 적절히 활용해서 위에 제시한 화의 말을 바꾸면 이렇게 표현할 수 있죠.

"너, 장난감 정리하라고 했어, 안 했어!"
→ "장난감 정리하는 거,
깜빡 잊은 거 아니지?"

"밥 먹었으면 가서 양치질하라고!"
→ "식사 후에는

양치질해야 한다는 거,
기억하고 있지?"

"잠자기 전에 숙제 다 해야지!"
→ "잠자기 전에
숙제 다 해야 한다는 사실,
잘 알고 있지?"

이렇게 말했을 때, 아이는 스스로 할 일을 생각하고 기억해
냅니다. 그러면서 자연스럽게 자신의 과거와 현재를 돌아보며 변
화를 줍니다. 이런 식으로 말이죠.
　"맞아, 너무 노는 데 신경을 쓰느라
　장난감 정리를 잊고 있었네.
　이제는 꼭 기억하면서 놀아야겠다."
　"어쩌지, 숙제를 깜빡 잊고 있었네.
　앞으로는 책상에 해야 할 것들을
　미리 올려놓고 있어야겠다."
　어떤가요? 놀랍지 않나요? 아이는 스스로 해야 할 일을 떠올
리고, 주어진 일을 해내기 위한 계획까지 철저하게 세웁니다. 기
억을 자극하는 말 한마디를 했을 뿐인데, 주변을 바라보는 아이
의 시선과 태도까지 모두 바뀌었죠.

우리가 지금까지 사용한 억압과 분노 혹은 명령의 언어에는 그런 힘이 없습니다. 당장에는 효과가 있을 수 있지만, 바로 잊히기 때문에 일회성으로 끝날 가능성이 높습니다. 더구나 온종일 계속 말하고 하나하나 지적해야 하니, 자신도 모르는 사이에 매일 화만 늘게 됩니다. 물론 화를 내는 건 잘못이 아닙니다. 사랑해서 실망하는 것이고, 그 과정에서 자연스럽게 화를 내게 되는 거니까요. 중요한 건, '아이의 행동에 분명한 변화를 줄 수 있느냐?'에 있습니다.

시간은 정말 중요합니다. 10분 동안 화를 냈다면 단순히 10분을 잃은 것이 아니라, 10분 동안 행복할 수 있었던 좋은 기회를 놓친 것이라고 말할 수 있죠. 아이의 기억을 자극하는 말을 통해 지금부터 일상을 바꿔 보세요. 부모는 화를 내지 않고, 아이는 자기 할 일을 스스로 기억할 수 있습니다.

4장

시간 관리 능력과
공부 습관을 길러 주는
대화 11일

부모의 부정적인 말이
공부하지 않는 아이를 만듭니다

많은 부모님의 풀리지 않는 고민입니다. 공부에 자신 없어 하는 아이, 감정의 변화가 심해서 중심을 잡지 못하는 아이, 1분도 가만히 앉아 수업을 듣지 못하는 아이. 자녀교육에는 참 다양한 고민이 공존하죠. 처음에는 '애들이 다 그렇지'라는 생각에 크게 마음 쓰지 않고 지냈는데, 아무리 시간이 지나도 나아지지 않으니 이제는 걱정이 두려움으로 커지게 됩니다. 어떻게 하면 아이가 평안한 마음으로 공부를 해낼 수 있을까요? 너무 심각하게 걱정할 필요는 없습니다. 해결책은 생각보다 가까운 곳에 있으니까요.

안타깝게도 이런 성향을 보이는 아이를 기르고 있는 부모의 고백을 들으면 이렇게 말이 일치할 때가 많습니다.

"어릴 때 제 모습을 닮은 것 같아요."

"내가 어렸을 때 딱 저랬었는데."

말은 그 어떤 무기보다 힘이 셉니다. 말에는 그 사람의 생각이 녹아 있기 때문에 말은 결국 그 사람의 행동까지 결정하게 됩니다. 많은 부모님이 이렇게 아이가 자신의 어릴 적 모습과 닮았다고 생각하는 이유도 바로 거기에 있습니다. 믿기 싫은 사실이지만, 부모의 말이 아이의 현재 삶을 하나하나 만들었기 때문이죠. 여러분도 부모의 말을 통해 삶을 만들어갔고, 그렇게 만들어진 삶이 다시 아이에게로 가서 아이의 삶을 완성하고 있는 겁니다. 참 무서운 사실입니다. 부모의 말은 세상에 존재하는 어떤 유전자보다, 아이에게 강력한 힘과 영향력을 행사하고 있죠. 대대로 지성과 품성이 뛰어난 명문가에서 다시 지성과 품성이 뛰어난 아이가 탄생하는 이유도 여기에 있습니다. 유전자 때문이 아니라, 말의 힘 때문이죠.

부모의 말로 아이의 삶이 결정된다는 사실이 누군가에게는 무서운 사실이지만, 반대로 또 다른 누군가에게는 매우 희망적인 사실입니다. 저는 여러분이 모두 여기에서 희망을 갖길 바라며, 해결책이 될 방법을 전합니다.

다음 3단계 방법을 기억하시며, 부정과 비난의 언어를 희망과 긍정의 말로 바꾸어 아이에게 전해 주세요. 아이는 긍정의 언어를 들었을 때 배우고 싶은 마음이 생겨납니다.

1. 조금 더 짧게 말하기
2. 아이의 의향 묻기
3. 긍정적으로 마무리하기

예를 들어서 설명하면 이렇습니다.

#1 숙제
1. 조금 더 짧게 말하기
"오늘은 숙제가 뭐야?"

2. 아이의 의향 묻기
"늦지 않게 할 수 있지?"

3. 긍정적으로 마무리하기
"미루지 않고 끝내면 네 기분도 좋아질 거야."

→ "오늘은 수제가 뭐야?
늦지 않게 할 수 있지?

미루지 않고 끝내면 네 기분도 좋아질 거야."

#2 게임
1. 조금 더 짧게 말하기
"게임을 너무 오래 하면 눈 건강에 안 좋아."

2. 아이의 의향 묻기
"너는 어떻게 생각해?"

3. 긍정적으로 마무리하기
"너라면 알아서 절제할 수 있을 거야."

→ "게임을 너무 오래 하면 눈 건강에 안 좋아.
너는 어떻게 생각해?
너라면 알아서 절제할 수 있을 거야."

#3 예습
1. 조금 더 짧게 말하기
"먼저 읽어보면 네 생각을 정리할 수 있지."

2. 아이의 의향 묻기

"그런 멋진 경험 한번 해 볼래?"

3. 긍정적으로 마무리하기
"수업 시간이 좀 더 즐거워질 거야."

→ "먼저 읽어 보면 네 생각을 정리할 수 있지.
그런 멋진 경험 한번 해 볼래?
수업 시간이 좀 더 즐거워질 거야."

늘 강조하지만, 아직은 낯선 이런 방식의 말이 입에 익숙해질 수 있게 필사와 낭독으로 연습해 주시는 게 좋습니다. 익숙해져야 비로소 나의 것이라 말할 수 있기 때문입니다. 그리고 꼭 기억해 주세요. 여러분이 스스로 바꾼 말을 통해서 아이도 바뀌지만, 여러분의 삶 역시 부정적인 것들로부터 자유를 얻게 됩니다.

"아이를 위한 것이
곧 나를 위한 것입니다."

아이에게 시간의 가치를
알려 주어야 하는 이유

아이를 기르다 보면 다양한 문제를 만납니다.

분주한 아침 시간에 주저리주저리 계속 말을 늘어놓는 아이
게임을 하느라 시간 가는 줄 모르는 아이
공부와 독서할 시간에 다른 곳에 정신이 팔린 아이
집중하지 못하고 늘 분주한 아이
청개구리처럼 말을 듣지 않는 아이

이렇게 문제는 다양하지만, 결국 그걸 해결할 답은 단 하나

에 집중되어 있습니다. 그건 바로 '시간'입니다. 시간의 가치를 제대로 모르기 때문에 주어진 하루를 의미 없게 쓰고 있는 거죠. 어렵거나 많은 시간이 필요한 일이 아닙니다. 매일 1분의 시간을 내서, 아이에게 시간의 가치를 제대로 알려 주는 말을 들려주면 위에 나열한 아이의 모든 문제가 하나하나 해결됩니다.

"지금 무엇을 해야 하는지
늘 생각하면서 사는 게 중요해."

"시간은 우리를 감싸는 포장지란다.
시간이라는 포장지가 벗겨지면,
네가 무엇을 하며 하루를 살았는지
금방 알 수 있게 되지."

"오늘 네가 꼭 해야 하는 일
3가지를 꼽으면 뭐가 있을까?"

"미래는 고민할 필요가 없어.
우리가 오늘 보낸 시간이 쌓여서
미래가 만들어지는 거니까."

"오늘 네가 무언가를 배우면,
내일 그걸 써먹을 수 있지."

"누구든 한 번에 해내는 사람은 없지.
오늘 하나를 해야 내일 두 개를,
내일 두 개를 해야
다음날 세 개를 할 수 있어."

"너는 움직일 수도 있고
움직이지 않을 수도 있지만,
시간은 부지런해서 멈추지 않아."

"시간은 모든 자판기에 들어갈 수 있는
만능 동전이라고 볼 수 있지.
무엇이 나올지는 네가 무엇을 하며
시간을 보냈는지가 결정하는 거야."

"우리가 소홀하게 보낸 시간은
그대로 미래로 달려가서
불행한 일을 준비하고 있어."

"지금 조금 더 최선을 다하면
잠잘 때 더 행복하게 누울 수 있어."

"시간을 들여 껍질을 벗기지 않으면,
과일이라는 결실을 입에 넣을 수 없지."

"가장 중요한 일이 무엇인지 알아야
두 번째 중요한 일을 할 시간을
충분히 가질 수 있단다."

"시간을 조금 더 아끼면
더 많은 일을 해낼 수 있어."

"네가 시간을 스스로 끌고 가지 않으면,
나중에는 시간이 너를 끌고 가게 되지."

모든 사람은 자신에게 주어진 시간이 얼마나 소중한 것인지 깨닫는 순간 그간 가졌던 삶의 태도를 바꾸게 됩니다. 오늘은 내 인생 중 가장 늙은 날이기도 하지만, 반대로 가장 젊은 날이기도 하죠. 생각하기에 따라서 삶의 태도는 이렇게 달라질 수 있습니다. 아이도 마찬가지죠. 공부와 관계, 지성과 창의력, 이 모든 부분에서 나타나는 문제는 시간의 가치를 깨닫게 되면서 달라질 수 있습니다. 1초의 가치를 알게 되면, 그때부터는 한순간도 허투루 쓸 수 없게 됩니다.

초등 아이에게 필요한 건 공부법이 아니라 '문제 해결 방법'입니다

혹시 공부 문제로 아이에게 이런 이야기를 하고 계신가요?

"1시간을 앉아 있으면 뭐 하니,

10분도 집중을 하지 못하고 있는데!"

"너는 이렇게 공부를 못할 애가 아니야!"

"게임만 하고 놀다가 언제 공부할래!"

"문제 잘못 읽고, 실수만 자꾸 반복하고!"

"너 왜 아는 걸 자꾸 틀리는 거야!"

"공부 한번 하려면 난리를 쳐야 하네!"

왜 자꾸 이런 식의 잔소리를 아이에게 하게 되는 걸까요? 근본적인 이유를 먼저 생각하셔야 합니다. 그 이유는 초등학생에게 필요한 건 공부법이 아니라, '문제 해결 방법'이기 때문입니다. 중학교 이후에는 공부법이 중요할 수 있겠죠. 하지만 초등학교 시기에는 시행착오를 반복하며 자기만의 공부 방식을 만드는 것이 중요합니다. 그러기 위해서는 문제 해결 방법을 알려 주는 게 좋습니다.

이때 기억해야 할 지점이 3가지 있습니다. 다음 3가지 사항을 아이에게 알려주어, 아이가 '문제 해결 방법'을 알 수 있게 해 주세요.

① 모든 문제는 스스로 해결할 수 있다.
② 공부는 결국 내 삶에 힘이 된다.
③ 나는 나에게 도움이 되기 위해 공부한다.

위에 나열한 3가지 사항을 녹여 완성한 글을 소개합니다. 아이의 공부 문제로 고민하고 있다면 다음에 소개하는 글을 아이와의 대화에서 자연스럽게 나누어 주세요. 어색해서 쉽지 않다면, 하루에 10분 정도 시간을 내서 아이와 함께 낭독하고 필사하는 시간을 갖는 것도 좋습니다. 부모님께서 직접 정성스레 필사하거나 출력한 종이를 아이가 자주 다니는 곳에 붙이는 것도 좋습니다. 그럼 공부 문제로 고민하고 있는 모든 부분이 조금씩 해결되는 것을 경험할 수 있을 겁니다.

"사소한 농담 하나에도
그 사람이 지금까지 배운
지식이 모두 녹아 있단다."

"공부는 블록을 쌓는 것과 같아.
조금씩 쌓아 올린 노력이 모여서
비로소 완성할 수 있는 거니까."

"해결하지 못할 문제는 없어.
해결하지 못하는 사람이 있을 뿐이지."

"시간이 1분밖에 없다고 불평하지 말고,
1분 동안 할 수 있는 일을 찾아보자."

"라면 봉지에 라면이 안 들어 있다면 어떨까?
아무런 가치가 없다고 생각하고 버리겠지.
공부가 바로 그런 거야.
사람이라는 봉지 안에서 내면을 빛내는 존재란다."

"모든 것이 가능하다고 생각하는 사람과
모든 것이 불가능하다고 생각하는 사람,
누가 더 가치 있는 인생을 살 수 있을까?"

"계획을 세웠다고 다 이룰 수는 없지.
하지만 계획을 세우는 건 중요해.
일단 뭔가 시작했다는 증거잖아."

"오늘 일을 내일로 미루는 건 좋지 않아.
내일은 또 내일 해야 할 일이 있으니까."

부모에게 공부는 아이의 삶을 나아지게 만들 희망입니다. 하지만 그건 어디까지나 공부를 직접하지 않는 부모의 입장이죠. 반면에 당사자인 아이에게 공부는 고통입니다. 이 차이에 대한 이해가 매우 중요합니다. 어른도 하기 어려운 공부를 아이가 지금 하고 있다는 것, 그리고 남들보다 더 잘해야 한다는 부담감까지 갖고 있다는 사실을요. 이때 공부 동기가 매우 중요한 역할을 합니다. 동기를 통해 문제 해결 방법을 스스로 찾고, 그렇게 찾은 방법으로 평생을 책임질 자기만의 공부법을 완성하고 공부 습관을 잡아갈 수 있기 때문입니다.

아이의 모든 문제는 다른 다양한 문제와 어지럽게 얽혀 있기 때문에, 힘들어도 멈추지 않고 꾸준히 조금씩 해결해야 한다는 사실을 꼭 기억해 주세요. 모든 아이는 사랑하는 사람에게서 가장 가치 있는 것을 배웁니다. 당신이 아이에게 사랑을 주면, 아이는 가장 고귀한 것을 배울 겁니다. 지금은 막막하게만 보여도 걱정하지 말아요.

"어떤 막막한 현실도 이길 수 있을 정도로
내 아이를 많이 사랑하니까요."

"아이에게 언제
스마트폰을 사주면 될까요?"

가장 자주 받는 질문 중 하나입니다. 이제 막 공부를 시작하는 아이에게 스마트폰은 큰 방해물이라 사주기 싫어도, 현실적으로 필요하니 나올 수밖에 없는 고민입니다. 어떻게 생각하면 안타까운 마음이 들기도 해요. 그런 것까지 주변에 물어봐야 한다는 현실이 말이죠. 분명하게 답하자면, 아이에게 스마트폰을 사주는 시기를 결정하는 기준은 바로 이 질문에 강하게 긍정할 수 있는 때입니다.

"부모가 아이에게 규칙을 정하고 자제력을 기르는 방법을 제시하면서, 부모 자신도 그것을 함께 실천하며 욕망을 제어할 수 있는가?"

스마트폰을 제대로 쓰도록 하는 교육은 반드시 해야 합니다. 한번 스마트폰에 중독이 되면 아이는 자제력을 잃고 어쩔 수 없이 거친 행동을 보이기 때문이죠. 잠을 포기하고 매달릴 정도로 중독에 빠지니, 행동과 말이 거칠어지지 않을 수가 없지요. 하루 종일 스마트폰만 생각하기 때문에 일상을 제대로 보낼 수가 없습니다. 이때 중요한 것은 바로 생각의 전환입니다. 스마트폰에 문제가 있다는 생각에서 벗어나, 자극에 대한 아이의 자제력 향상에 중점을 둬야 좋은 방법을 생각할 수 있습니다.

좋은 방법은 스스로 자제할 수 있게 실천할 규칙을 정하는 것입니다. 그리고 매일 어느 정도, 얼마만큼 스마트폰을 사용할지 글로 쓰는 거죠. 물론 글은 아이가 스스로 작성해야 효과를 기대할 수 있습니다.

일단 대전제는 이렇습니다.

1. 1회 사용량은 20분을 넘지 않게 합니다.

그 이상을 지속하면 영상과 게임에 '몰입'이 아닌 '중독'이 되기 때문입니다. 아이의 자제력을 실험하고 싶지 않다면 꼭 시간을 지켜야 합니다.

2. 하루에 2회, 총 40분 이내에서 제한하는 게 좋습니다.

교육적 콘텐츠를 시청하는 것도 마찬가지입니다. 하루 중 40분 이상을 지속하면 교육적 의미는 사라지고, 스마트폰에 의지하려는 욕망만 커집니다.

이번에는 글로 쓰게 하기 위한 3가지 질문을 아이에게 던질 차례입니다.

1. "하루 중에 언제 스마트폰을 사용할 거야?"

일주일 스마트폰 사용 시간표를 만들어서 정확한 사용 시간을 기록하게 해주세요. 매일 아이의 학교 혹은 학원 일정이 다르니 그걸 모두 고려해야 합니다.

2. "어떤 것들을 할 예정이야?"

이때 무엇을 할 것인지 구체적으로 적어야 합니다. 시간과 내용이 바뀌면 곤란하니 확실하게 쓸 수 있게 해주세요.

3. "이런 규칙을 정하면 어떨까?"

아이에게 꼭 필요한 사용 규칙을 부모가 제안하는 형태로 질문하면 됩니다. 예를 들어, '오늘 40분을 다 사용하지 못했다고 해서 남은 시간을 내일로 보낼 수 없다. 반대로 내일 시간을 빌려서 오늘 40분 이상 사용할 수도 없다.' 식으로 말이죠.

이 모든 것을 아이와 함께 직접 종이에 써서 잘 보이는 곳에 붙이면 됩니다. 그리고 아이가 자신이 쓴 글을 잊을 때마다 함께 낭독하며 기억하게 해주면 됩니다. 스마트폰을 하고 싶다는 욕망이 커질수록 아이는 자신이 정한 규칙을 바꾸거나 어기며 어떻게든 할 구실을 찾습니다. 그러다 보면 공부 습관은 무너지고 스스로 시간을 관리하는 능력도 기를 수 없게 됩니다. 이 점에 유의하며 '빠져나갈 구멍이 없는 원칙'을 애초에 세우는 게 중요하다는 사실을 기억해 주세요.

"이제 게임 그만해!"라고 소리치지 않고, 아이 스스로 그만하게 만드는 말

책을 좋아하고 차분하게 앉아 공부하던 아이가 갑자기 말을 듣지 않으면서, 유튜브를 긴 시간 시청하거나 계속 게임만 하고 있으면 부모 마음은 급해지죠. '저러다가 아이 하나 망치는 게 아닐까?', '내가 지금까지 뭔가 크게 잘못 생각한 게 아닐까?'라는 절망감이 들기 때문이죠. 상황이 그렇다고 해서 아이 손에 든 스마트폰을 빼앗거나, 게임을 강제적으로 하지 못하게 하면 문제가 해결될까요?

이런 생각을 해 보세요. 그렇게 모든 것을 빼앗긴 후 아이가 책상 앞에 앉아 제대로 책을 읽고 공부할 수 있을까요? 그러기는 쉽지 않을 겁니다. 여전히 머릿속에는 게임 생각만 가득하니까요.

'엄마가 나가면 재빨리 움직여서 게임 시작해야지.'

'어떻게 하면 몰래 유튜브를 볼 수 있을까?'

'자기는 맨날 스마트폰 하면서 나한테만 그래!'

게다가 아이는 스스로 자신을 제어하지 못했으며, 자기 역할을 제대로 하지 못했다는 자책감까지 갖게 될 겁니다. 얻는 건 하나 없이 나쁜 것만 남아서 최악의 결과를 맞이하게 되는 거죠.

언제나 빼앗거나 숨기는 것, 다시 말해 가장 쉬운 것은 좋은 방법이 되기 힘듭니다. 옆에 둔 상태에서 아이가 스스로 욕망을 조절하면서 사용할 수 있게 하는 게 최선입니다. 너무 이상적인 말이라고요? 아닙니다. 부모의 한마디 말로 충분히 가능한 모습입니다.

아이가 스스로 욕망을 통제하거나 해야 할 것을 해내지 못하는 이유는 그런 시도를 해 본 적이 없기 때문입니다. 통제로만 자란 아이는 자유가 무엇인지 모르죠. 또한, 자유를 모르면 책임 역시 무엇인지 알 수 없게 됩니다. 책임을 모르면 또 무슨 일이 벌어질까요? 네, 자신의 실수에서 깨달음을 얻지 못하게 됩니다. 부모의 통제는 이렇게 아이가 가져야 할 수많은 것들을 사라지게 만듭니다. 하지만 앞서 말했던 것처럼 한마디면 이 모든 것을 바꿀 수 있죠.

"학교에서 돌아오면
가장 먼저 뭘 해야 할까?"

요즘 아이들은 학원도 여기저기 가야 하기 때문에 학교에 다녀온 후 해야 할 일이 참 많습니다. 하지만 게임에 빠진 아이들은 해야 할 일을 자꾸만 뒤로 미루죠. 그래서 결국 잠을 늦게 자게 되고, 숙제나 독서 등 해야 할 일도 제대로 하지 못합니다. 그런 과정에서 아이도 자책감을 느끼죠. 이런 악순환의 고리를 끊기 위해서 필요한 게 바로 이 한마디입니다.

이 질문으로 시작해서, 숙제나 독서 혹은 그날 해야 할 공부를 가장 먼저 한 이후 남은 시간에 게임을 하라고 말하면 됩니다. 그럼 이런 식의 불안한 마음이 들 수 있습니다.

'나머지 시간 동안 게임만 하면 어떻게 하나?'

'숙제를 대충 해버리고 유튜브만 보는 거 아니야?'

하지만 그건 제대로 해 본 경험이 없어서 나오는 걱정입니다. 부모가 아이의 의지를 통제하거나 억압하지 않고 변화에 적응할 수 있게 도와주면, 아이는 내면에 있는 좋은 에너지를 통해 욕망을 통제하는 방법을 스스로 깨달을 수 있습니다.

이제 아이는 이런 생각을 합니다.

'오늘은 숙제를 1시간 정도 해야 하니까,
먼저 숙제를 한 다음에 게임은 30분만 하자.'

'유튜브를 너무 오래 보면 독서할 시간이 부족하니까,

먼저 책을 읽은 다음에 시간이 남으면 유튜브를 보자.'

이렇게 한마디 말로 아이가 일상을 제어하고 바꿀 수 있게 도와주면 기적적인 현실을 만나게 됩니다. 바로, 지긋지긋하게 반복하던 이런 말이 필요 없는 현실을 살게 되었다는 사실이죠.

"게임 그만하고 가서 숙제하라고 했지!"

"유튜브 또 보면 스마트폰 아주 버릴 줄 알아!"

부모는 하지 말라고 한 번도 말한 적이 없지만, 아이는 해야 할 것들을 하기 위해 욕망을 적절히 제어할 줄 알고, 누구의 억압도 아닌 자기 의지로 스스로에게 하지 말라고 명령하는 삶을 사는 거죠.

과도한 스마트폰 사용은 큰 문제입니다. 하지만 문제가 크다고 그걸 해결할 방법이 복잡해지는 것은 아닙니다. 늘 한마디 말에 모든 방법이 있다고 생각해 주세요. 모든 문제는 말로 해결할 수 있습니다.

글쓰기를 하지 못하면
공부도 제대로 할 수 없습니다

글쓰기가 공부와 연결되어 움직이는 이유는 글을 쓰는 과정이 곧 공부하는 과정과 같기 때문입니다. 우리는 생각하고 질문해서 이해한 것을 글이라는 지적 도구를 통해 표현하죠. 공부도 같은 과정을 통해 이뤄집니다. 결국 글을 쓰지 못하면 공부도 어려워지죠. 주변을 보면 스스로 공부하며 평균 이상의 성취를 하는 아이들은 대부분 글쓰기 능력이 뛰어나다는 사실을 알 수 있습니다. 쓰면서 절로 공부를 할 수 있는 거죠.

그래서 어릴 때부터 글 쓰는 삶을 시작해야 합니다. 만약 아이가 글쓰기를 어렵게 생각한다면 범위를 넓혀서 생각하게 해주세요. 종이에 글을 써서 완성하는 것만 글쓰기라고 부르면 아이는 부담을 느끼죠. 이렇게 쉽고 편안하게 생각할 수 있게 해주세요. 함께 낭독하고 필사하는 것도 좋습니다.

"글을 쓰려고 앉아 있는 것도 글쓰기다."

"쓰려고 무언가를 생각하는 것도 글쓰기다."

"제대로 완성하지 못해도 괜찮다.
글은 평생 쓰면서 완성하는 거니까."

영감을 발견하려고 산책을 나가는 것도, 글쓰기에 대한 이야기를 나누는 것도, 연필을 잡고 뭔가를 쓰려고 하는 것도, 이 모든 것이 글을 쓰는 행위입니다. 또한 글쓰기가 어려운 것이 아니라는 사실을 아이가 일상에서 스스로 느끼게 해주세요. 이런 질타는 정말 좋지 않아요.

"너, 글 얼마나 썼어? 당장 보여줘!"
"글 안 쓰고, 앉아서 딴생각만 했지!"
"네가 쓴 글이 뭐 얼마나 대단하겠어."

억지로 한 공부가 별 효과가 없듯이 억지로 쓴 글도 마찬가지입니다. '글쓰기'라는 말을 들을 때 아이의 마음이 편안해지게 해주세요. 마음이 편해지면 저절로 시작하게 됩니다. 예를 들어, 아이가 글을 쓰려고 10분 동안 앉아 있었지만 실제로 종이에 아무것도 쓰지 못했을 때, 이런 말을 들려주면 아이들 마음이 편해지죠.

"10분이나 글을 쓰려고 앉아 있었구나.
생각한다는 것 자체로 이미 넌 작가가 된 거야."

"꾸준히 생각하면 결국 글로 쓰게 되지.
작가는 꾸준히 생각하는 사람이니까."

글쓰기 또는 작가라는 대상이 생각보다 가까운 존재라고 생각할 수 있게 해주세요. 그럼 아이는 생각하고 질문해서 이해한 것을 곧 근사하게 글로 쓸 수 있게 됩니다. 동시에 스스로 공부하는 모습도 보여주겠지요. 이 기적과도 같은 모습이 부모가 허락하면 모두 이루어지는 풍경입니다.

아이가 공부의 가치를 깨닫게 되는
말을 자주 들려주세요

짧지만 강력한 이야기를 하나 전하려고 합니다. 주도해서 무언가에 도전하고 이를 통해 깨달음을 얻는 과정을 매우 중요하게 생각하셨던 제 할머니는, 단 한마디로 그 가치를 저에게 알려 주셨죠. 과연 어떤 한마디일까요?

초등학교 때 있었던 이야기입니다. 할머니가 사시는 곳 근처에는 대학이 하나 있었습니다. 하루는 할머니와 함께 버스를 탈 일이 있었는데, 마침 그 학교 가방을 맨 대학생 한 명이 버스에 탔죠.

저는 아무런 생각 없이 자리에 앉아 있었는데, 그때 갑자기

할머니가 자리에서 일어나 그 대학생에게 자리를 양보하는 거였습니다. 황당한 표정의 대학생에게 이렇게 말하면서 말이죠.

"학생, 공부하느라 고생이 많지? 난 이제 쉬고 싶으면 쉬고, 노는 게 전부인 사람이잖아. 그런데 학생은 공부도 해야 하고 책도 읽어야 하니, 여기에 편안하게 앉아서 책 읽으며 가."

아, 그때 제가 느낀 감정은 전혀 새로운 것이었습니다. 학교에서나 주변에서나 언제든 '어른들에게 자리를 양보해야 착한 아이'라는 이야기만 들려주었으니까요. 할머니가 대학생에게 자리를 양보한다는 것 자체가 당시에는 파격적으로 느껴졌습니다.

물론 그 생각은 지금도 같습니다. 지금도 여전히 그런 일은 적어도 제 주변 어디에서도 일어나지 않으니까요. 하지만 당시 할머니의 한마디 말과 행동으로 저는 이런 귀한 깨달음을 얻게 되었습니다.

1. 공부하고 책을 읽는 건 귀한 일이다.
2. 우리는 배우려는 사람을 도와줘야 한다.
3. 아, 나도 그런 멋진 사람이 되고 싶다.
4. 지금 뭘 시작하면 좋을까?

어떤가요? 이후의 제 삶은 어떻게 바뀌었을까요? 누구든 그 삶의 변화를 짐작할 수 있을 겁니다. 독서의 가치를 깨닫고, 글을 쓰며 생각하는 시간이 얼마나 내게 소중한 것인지 깨닫게 되었죠. 매일 일기를 쓰며 제 생각을 남기던 습관도 그때부터 시작되었습니다. 덕분에 집에는 여전히 그 시절에 썼던 일기장이 30권 넘게 있죠.

아이는 지금도 당신을 바라보고 있습니다. 그건 어떤 사실을 의미하는 걸까요? 지금 이 순간 어떤 말을 들려줄 수 있느냐에 따라, 아이는 무언가를 배우며 깨닫는 시간이 될 수도, 반대로 그냥 사라지는 시간이 될 수도 있습니다. 그리고 배움의 가치를 깨달을 줄 아는 아이는 그 시간을 온전히 자기 것으로 만들기 위해 체계적으로 공부하기 시작합니다.

기회는 오늘도 있고, 내일도 있습니다. 다만 그 기회를 잡지 못하는 이유는 적절한 말을 들려주지 못하기 때문입니다. 아이가 공부의 가치를 깨닫게 되는 3가지 말을 소개합니다. 마음을 담아 아이에게 들려주세요.

"더 많은 것을 알게 되면,
더 많은 것을 볼 수 있단다."

"배우는 사람은 지치지 않아.
공부할수록 더 큰 사람이 되거든."

"처음에는 우리가
무엇을 공부할지 결정하지만,
나중에는 공부한 것이 우리를 만들어."

아무리 독서를 강조해도 아이는 책을 읽지 않습니다. 또 아무리 주도성과 공부를 강조해도 아이는 스스로 도전하고 깨달음을 얻지 않습니다. 하라고 해서 되는 게 아니라, 할 수밖에 없는 가치를 한마디 말로 보여줘야 가능한 일이기 때문입니다.

'느낀 점' 쓰기를 어려워하는
아이에게 해주면 좋은 질문법

숙제나 발표, 심부름 등 다양한 상황에서 어떻게 그 일을 처리해야 할지 몰라 끙끙대는 아이를 걱정하는 부모님이 계실 겁니다. 특히 아이들은 자기 생각을 정리하거나 느낀 점 쓰기를 어려워하죠.

음악회 감상문이라는 숙제를 예로 들어서, 어떤 말로 그런 아이들을 바꿀 수 있는지 지금부터 간단하게 설명하겠습니다. 여러분이 초등학교에 다닐 때도 아마 마찬가지였을 겁니다. 음악회에 가서 감상한 후 느낌을 글로 적어서 내는 숙제를 해 보셨죠? 그때 기분이 어떠셨나요? 저는 아직도 그때 기분이 생각납니다.

이유는 간단해요. 이런 생각만 들었기 때문입니다.

'대체 뭘 어떻게 써야 하는 거야!'

'친구들은 뭐라고 썼을까?'

'나만 제대로 쓰지 못하는 건 아닐까?'

세월이 많이 흘렀고 연주하는 사람도 모두 다 변했지만, 사실 지금도 마찬가지입니다. 아이들의 감상문에는 감상이 적혀 있지 않죠. 과거에는 교과서에 실린 작곡가의 정보와 티켓에 있는 정보를 그대로 적었고, 지금은 검색을 통해 나온 작곡가의 정보를 복사해서 붙여넣기를 했을 뿐입니다. 좀 더 세밀하게 말하면, 과거에는 검색이라는 것이 없으니 정말 쓸 말이 없어서 티켓에 쓰여 있는 각종 정보까지 의미 없이 나열했죠. 지금 생각해도 참 부끄럽고 어처구니없는 기억입니다.

이유가 뭘까요? 누구든 쉽게 알 수 있을 겁니다. 클래식은 너무 어렵고, 게다가 무엇을 어떻게 써야 할지 모르기 때문입니다. 처음에는 모든 아이가 스스로 숙제를 해결하려고 했을 겁니다. 하지만 숙제를 내주는 어른들의 말이 아이의 바로 그 공부 의지를 망치는 원인이 될 수 있습니다.

"이번 숙제는 감상문 쓰기야."

무책임한 말입니다. 아이에게 검색, 복사, 붙여 넣기를 요청하는 말과도 같기 때문이죠. 클래식처럼 시간의 예술로 이루어진 대상을 감상하고 난 후, 자신의 느낌을 적는 감상문을 요청할 때는 질문이 달라야 합니다.

"음악회에 가기 전과 끝나고 난 후, 네 기분이 어떻게 달라졌
는지 글로 표현해 보자."

이것이 대전제이고, 세부 질문은 이렇게 구분할 수 있습니다.
아이가 이 3가지 질문을 글의 서론, 본론, 결론으로 구성하게 할
수 있다면, 보다 쉽고 생산적인 감상문을 즐겁게 쓸 수 있습니다.

1. "음악회에 가기 전 기분이 어땠니?"
2. "음악을 감상하면서 기분이 어떻게 달라졌어?"
3. "음악이 네 하루에 어떤 영향을 준 것 같아?"

어떤가요? 이런 질문을 받으면 아이는 순간적으로 당시의 상
황으로 날아가서 생생하게 그림을 그리듯 생각한 것을 글로 쓰
게 됩니다. 아이가 느낀 점 쓰는 숙제를 유독 어려워한다면 이런
질문들로 아이의 생각을 이끌어낼 수 있습니다. 팁을 하나 드리
자면, 감상하기 전에 이 질문을 먼저 읽고, 메모장과 연필을 쥐고
시작하는 게 좋습니다. 그래야 자신의 생각과 느낌을 순간순간
기록하며 메모의 가치와 글쓰기가 가진 놀라운 힘을 느낄 수 있
기 때문입니다.

지금까지 음악회를 예로 들어서 제대로 숙제하는 아이로 키우는 방법을 말했지만, 사실 다른 숙제도 크게 다르지 않습니다. 여기에서 중요한 건 '제대로'라는 지점이기 때문입니다. 숙제를 왜 해야 하는지, 어떻게 해야 하는지, 이렇게 2가지 질문에 대한 좋은 길을 부모가 전해 줄 수 있다면 아이는 분명 어제보다 더 멋지게, 제대로 숙제를 할 수 있게 됩니다. 그리고 숙제를 제대로 하다 보면 아이는 공부 습관을 차곡차곡 쌓아나갈 수 있습니다.

"아이를 일반 유치원에 보내야 할까요, 영재 유치원에 보내야 할까요?"

아이들 교육에서 우리는 늘 선택을 해야 합니다. 그리고 그 모든 선택이 늘 좋은 선택은 아니라는 것, 분명 더 좋은 선택이 존재한다는 사실이 부모를 힘들게 합니다. 걷기 시작하는 아이를 둔 많은 부모가 고민하는 지점이 하나 있죠.

"일반 유치원과 영재 유치원, 아이를 어디로 보내야 할까?"

돈이 조금 더 들더라도 아이에게 도움이 될 수 있는 선택지를 택하고 싶다는 간절한 마음이 때로 우리를 더 힘들게 합니다. 아이 교육에 대한 문제는 정말 끝이 없고 딱히 정답을 찾기도 힘듭니다. 그러나 꼭 기억해야 할 본질적인 내용은 분명히 존재합니다. 바로 이 사실입니다. 교육에서 가장 나쁜 예는 아이를 두고 이런 가정을 할 때입니다. 이런 말은 기억 속에서 아예 삭제하는 게 아이들 교육에 좋습니다.

"저 아이는 어쩌면 저렇게
좋은 환경을 타고 났을까?"

"저 아이는 참 대단하네,
지치지도 않고 공부를 하니까!"

"하나를 선택하면 끝까지 해내는 정신이
우리 아이에게도 있으면 좋을 텐데."

이렇게 겉으로 완벽하게 보이는 아이에게 다가가 물어보면, 대답은 예상과 다를 때가 많습니다. 그들도 우리 아이와 다르지 않아요. 늘 좋아서 공부하는 것도 아니고, 늘 웃으며 사는 것도 아니고, 언제나 집중할 수 있는 환경도 아닙니다. 그저 멀리에 있고 자주 만나지 않기 때문에 우리 아이보다 나아 보이고 좋은 것을 많이 가지고 있는 것처럼 보일 뿐입니다. 다가가서 오랫동안 바라보며 지내면 대부분 비슷합니다.

우리가 늘 고민하는 사교육 문제 또한 다르지 않습니다. 더 비싼 학원과 더 좋은 시설의 학원에 다니는 것도 물론 좋지만, 언제나 '기본'이 무엇인지 제대로 알고 있어야 합니다. 중요한 건 배우는 공간이나 환경, 위치가 아니라, 배우려는 아이의 자세와 흔들리지 않는 태도입니다. '더 알고 싶다'라는 순수한 마음이 중요하죠. 모르는 것을 배우려는 자세는 아이에게 귀한 것을 주지만, 그저 남들보다 앞서야 한다는 목적으로만 배운다면 그건 돈과 시간을 낭비하는 사치에 불과합니다. 바로 이 사소한 차이가 아이가 공부하는 습관의 차이를 만듭니다.

학원도 물론 중요한 역할을 하지만, 아이의 삶에 영향을 미치는 모든 지성은 가정에서 형성됩니다. 아이는 배운 것을 자주 잊지만 실제로 보여주면 기억하고, 부모와 함께 실천하면서 비로소 이해하게 되니까요.

"가정은 가장 근사한 학교입니다.
부모의 말과 행동은 무엇과도 비교할 수 없는
아이를 위한 가장 멋진 교과서입니다.
당신은 이미 모든 것을 갖고 있습니다."

원하는 성적을 얻게 해주는
일상 속 긍정어 사용의 힘

스스로 공부해서 늘 원하는 성적 그 이상을 받거나, 수능에서 만점에 가까운 성적을 받는 아이들의 공통점이 뭘까요? 반대로 점점 성적이 떨어지거나 자기 주도적으로 공부하지 않는 아이들의 공통점은 뭘까요? 분기점은 '모르는 문제를 만났을 때' 나타납니다. 성적이 점점 올라가는 아이들은 '이걸 어떤 방식으로 풀수 있을까?'라고 생각하며 도전하지만, 점점 성적이 떨어지는 아이들은 '내가 이걸 어떻게 풀어!'라고 생각하며 포기하죠.

맞아요. 중고등학교 이후로 성적이 점점 올라가는 아이들의 공통점은 일상에서 긍정어를 습관처럼 사용하며 자신의 가능성을 찾습니다. 하지만 반대로 점점 성적이 떨어지는 아이들은 부정어를 사용하며 실패하고 포기할 이유를 찾죠. 이는 가정에서 시작합니다.

"너, 장난감 언제 치울 거야!

그냥 다 버릴 줄 알아!"

"양치질하라고 몇 번 말해!

지금 엄마 성질 테스트 하니!"

"아빠가 스마트폰 그만하라고 했지!

빨리 대답해! 했어, 안 했어!"

일상에서 부모의 입을 통해 나오는 흔한 말들이죠. 어떤가요? 이 말이 자주 나온다는 사실은 뭘 증명하는 걸까요? 맞아요. 이 말들은 별 효과가 없다는 뜻이기도 합니다. 부정어에는 사람을 움직일 힘이 없어요. 단지 그 순간에만 억압의 힘으로 움직이는 것처럼 보일 뿐이죠. 그런데 긍정어는 왜 이렇게 하기 힘든 걸까요?

긍정어는 습관이 되기 어렵습니다. 우리 입에서는 언제나 부정어가 출격 준비를 마친 상태이기 때문이죠. 가장 못되게, 가장 부정적으로 말하는 건 훈련이 필요 없을 정도로 매우 쉬운 일입니다. 아이들 역시 마찬가지입니다. 어려운 문제 앞에서 포기하고, 도전하지 않는 것도 쉽게 선택할 수 있는 지점이죠. 그냥 나오는 대로만 말해도 충분하니까요. 부정어는 그렇게 우리의 삶을 계속해서 망칩니다.

우리 삶에 좋은 영향을 주는 긍정어는 몇 번 더 생각해야 활용이 가능합니다. 긍정어는 단순히 사람 기분만 좋아지게 하는 게 아닙니다. 아이들이 습관처럼 사용하면, 이런 좋은 기능을 내면에 담을 수 있죠.

① 몇 번 더 생각하며 저절로 생각이 깊어진다.
② 사물의 본질을 보는 안목을 갖는다.
③ 단점 속에서도 장점을 찾아내는 지혜를 얻는다.
④ 사람들에게 늘 좋은 정보를 제공할 수 있다.
⑤ 하나를 보고 열을 깨닫게 된다.

특히 초등 시기 긍정어를 사용하는 아이들이 중고등학교 이후로 점점 성적이 올라가는 이유가 바로 여기에 있습니다. 아래에 제시하는 부정어와 그걸 긍정어로 바꾼 사례를 보며, 이런 방식으로 바꿔서 일상의 느낌을 표현하는 습관을 가지면 아이들의 긍정어 훈련에도 좋습니다. 잘 보면 역시 부정어는 나오는 대로 말하면 되지만, 긍정어는 몇 번의 생각이 더 필요하다는 사실을 다시금 깨닫게 될 겁니다. 낭독과 필사로 습관이 되게 해주세요.

"이 문제는 너무 어렵네.

내가 이런 문제를 어떻게 풀어!"

→ "이 문제는 어려우니까,

좀 더 많은 시간을 투자하면 되겠다."

"스마트폰도 하고 싶은데,

공부도 해야 하니 어쩌지?"

→ "나한테 필요한 공부 콘텐츠 영상을

스마트폰으로 찾아서 보자.

그럼 둘 다 같이 할 수 있으니까."

"이 책에는 내가 모르는 단어가 너무 많아.

생각처럼 진도가 잘 나가지 않네."

→ "모른다는 건 배우면 된다는 거잖아.

하나하나 배우면서 천천히 읽어 보자."

어떤가요? 완전히 느낌이 다르죠. 비방하던 말이 좋은 정보가 되고, 부정적인 요인이 긍정적인 요소로 순식간에 바뀌었습니다. 이런 시선을 아이가 갖게 된다면, 그 아이가 앞으로 바라볼 세상은 이전과 달라질 겁니다. 보기만 해도 세상의 지혜를 저절로 깨닫고, 하나를 배우면 서로 다른 영역에 있는 열 개의 깨달음을 얻게 되죠. 그런 삶을 아이에게 허락해 주세요. 긍정어의 사용은 허락의 영역입니다. 단지 위에 소개한 4가지 사례를 필사하고 낭독하는 것만으로도 그 능력을 가질 수 있으니까요.

성장기 아이의 평생 공부머리를
만들어 주는 부모의 말

아이의 성장기가 중요한 이유는 뭘까요? 아이의 모든 것이 결정되는 골든 타임이기 때문입니다. 성장기에는 단순히 키와 몸만 커지는 게 아닙니다. 평생의 성장을 결정하는 아이의 내면과 인성, 문해력 등 각종 지적인 감각, 공부하는 습관, 배움의 능력, 그리고 공부머리까지 급격하게 성장하며 매일 더 근사한 자신을 완성하죠.

여러분의 사랑스러운 아이를

하나를 배우면 열을 깨닫고,

스스로 배울 것을 찾아서 탐색하고,

사색을 통해 원하는 답을 발견하고,

내일을 걱정하지 않게 만들고 싶다면

다음에 제시하는 말을 낭독과 필사로 아이와 함께 나누어 주세요.

"너 자신에게 관심을 갖는 게 먼저야.

그럼 무엇이 필요한지 알게 되고,

그걸 배우고 싶다는 생각이 드니까.

바로 그걸 세상은 이렇게 말하지.

'자기 주도 학습'이라고."

"그 사람이 무엇을 배웠는지

제대로 알고 싶다면,

말이 아닌 행동을 보면 된단다.

누군가가 지금까지 무엇을 배웠는지

가장 확실하게 설명해 주는 것은 그 사람이

'무엇을 말하고 있는가?'가 아니라,

'무엇을 실천하고 있는가?'에서 나오니까."

"힘든 일을 해내고 만나는 성취감은
무엇과도 바꿀 수 없는 기쁨을 준단다.
뭐든 끝날 때까지 계속 해야만
우리는 짐작으로는 도착하지 못하는
행복을 느낄 수 있게 되지."

"머리가 아프고 복잡해서
정말로 이제는 포기해야겠다는
연약한 생각이 들 때,
다시 한번 도전하면
네가 원하는 것을 얻게 되지."

"우리는 공부를 통해
모르는 지식을 알게 되지만,
공부가 주는 더욱 중요한 깨달음은
'나는 지금 무엇을 모르는가?'라는 것을
정확하게 알게 된다는 사실이란다."

"공부하는 시간은 우리에게
'멈추지 않고 전진하는 힘'의 가치와
그 시간이 가진 가능성을 알려 주지."

"공부는 세상에서 가장 진실한 친구야.
절대로 나를 속이지 않고,
시간을 투자한 만큼 성장하니까."

물론 태어나고 자란 환경이 그 사람의 삶을 지배할 때도 있습니다. 하지만 부모의 말을 통해서, 성장기의 평온하지 않았던 환경을 아름답게 변화시킬 수 있습니다. 아이의 변화를 믿는 당신에게도 기회가 있습니다. 바로 당신의 말이 그 기회의 결과를 결정합니다.

이 책을 읽고 있는 여러분은 모두 다른 공간에서 살고 있지만, 하나 정확하게 일치하는 게 있습니다. 바로 365일 24시간 내내 아이에게 도움이 될 방법을 찾는다는 거죠. 그런데 공부하는 아이의 마음 역시 여러분과 다르지 않을 겁니다. 당신과 아이가 그렇듯, 사랑하는 사람에게 좋은 것을 주려는 마음, 좋은 마음과 예쁜 말을 주려는 생각, 그것이 모여 세상에서 가장 아름다운 공부가 시작됩니다.

5장

사고력과
이해력을 키우는
대화 11일

4~7세 아이의 사고력을 높여 주는 3단계 대화법

여러분이 이름만 들어도 익히 알고 있는 다빈치, 뉴턴, 셰익스피어, 괴테, 미켈란젤로, 아인슈타인 등 최고의 사고력으로 위대한 업적을 달성한 과거와 현재의 인물들에게는 공통점이 있습니다. 바로 이런 교육을 받았다는 사실이죠.

"모두가 어제와 같다고 생각하며 스치는 일상에서
수많은 다른 점과 공통점을 찾고,
거기에 대한 최종적인 내 생각을 찾기"

결국 세상에 존재하는 모든 창조물은 이 3단계 과정을 통해 만들어지죠. 처음부터 높은 지능을 타고난 아이는 많지 않습니다. 그들은 어릴 때부터 대상을 분리하고 결합하는 과정을 통해 자기만의 방식으로 완성하는 연습을 하며 사고력을 높여나갔던 거죠. 부모의 역할이 매우 중요합니다. 일상에서 아이에게 시선을 자극할 수 있는 말을 자주 들려줘야 하니까요. 그러나 결코 어려운 일은 아닙니다. 다음 3가지만 기억해 주시면 됩니다.

1. 다른 부분을 찾기

"뭐가 다른 것 같아?"

2. 공통점이 뭔지 찾기

"공통점이 뭘까?"

3. 나만의 생각을 찾기

"그래서 네 생각은 어때?"

왜 하필이면 지금, 게다가 4~7세 때의 언어 자극이 가장 중요한 걸까요? 4~7세는 뇌 신경세포를 연결하는 시냅스가 증가하는 때입니다. 간단하게 설명하자면 신경세포는 서로 연결되어야 기능이 활성화되고 신경 연결망은 자극을 받아야 형성됩니다.

자극을 주지 못하면 그만큼 두뇌 발달이 더디고 어느 수준 이상 올라가지 못하는 거죠.

단순히 아이와 함께 오랫동안 있는 게 중요한 게 아닙니다. 시간보다 대화의 질이 중요하죠. 24시간을 함께 있어도 생각을 전혀 자극하지 못한다면 별 의미가 없지만, 단 30분만 함께 머문 다고 해도 그 시간을 앞서 소개한 3단계 대화법을 통해 아이의 생각을 자극할 수 있다면 24시간 이상의 가치를 갖게 됩니다. 시 작하면 반드시 달라질 수 있습니다. 다음에 제시한 말을 참고하 여 일상에서 응용해 주시면 됩니다.

1. 다른 부분을 찾기

"어제 반찬이랑 오늘 반찬이
뭐가 달라진 것 같니?"

"자동차에는 있는데
자전거에는 없는 게 뭘까?"

"저번에 만든 장난감이랑
오늘 만든 장난감은 뭐가 다르니?"

2. 공통점이 뭔지 찾기

"어제 네가 입었던 옷이랑
오늘 입었던 옷의 공통점이 뭘까?"

"장난감 만들 때랑 게임할 때
네 마음은 어떤 상태니?"

"자동차와 자전거에
모두 있는 게 뭘까?"

3. 나만의 생각을 찾기

"매일 먹어도 좋은 반찬이 있니?
그 반찬이 왜 좋은 거야?"

"넌 어떤 옷이 좋아?
왜 그렇게 생각하는 거야?"

"근처 식당에 가야 한다면,
자동차와 자전거 중 뭘 타고 갈래?
그걸 선택한 이유가 뭐야?"

결국 지능과 사고력 발달에 중요한 건 언어로 소통하며 나

누는 연속적인 반응입니다. 일상 곳곳에서 자기만의 반응을 자주 보여줘야 하는데, 유독 아이들이 무반응일 때가 많기 때문입니다.

'우리 아이는 왜 뭘 봐도 아무런 느낌이 없지?'

'새로운 것에 대한 감각이 전혀 없는 것 같아.'

'미세한 차이점을 전혀 발견하지 못하네.'

이런 걱정을 하고 있다면 지금이라도 위에 소개한 것처럼 아이에게 던지는 말을 바꾸시는 게 좋습니다. 꼭 기억해 주세요. 반응이 없다는 것은 두뇌 발달이 늦어지고 있다는 신호입니다.

"아이가 맞춤법을
자꾸 틀리는데, 어떡하죠?"

아이들이 맞춤법이나 띄어쓰기를 자주 틀린다면 좋은 방법이 있습니다. 하나하나 가르치는 것보다 올바른 문장을 자주 낭독하고 필사해서 올바른 문장이 익숙해지게 만드는 것입니다. 틀리는 부분은 아무리 알려 줘도 또 틀립니다. 반복해서 알려 주면 결국 깨닫게 된다고 생각할 수도 있죠. 하지만 현실이 그런가요? 국어의 맞춤법과 띄어쓰기는 어른도 맞히기 힘들 정도로 어렵고 까다로워서 하나하나 알려 주려고 하면 서로가 지칩니다. 아이는 아이대로 매일 틀리고 혼나니 괴롭고, 부모 입장에서는 반복되는 실수로 짜증이 커지죠.

(어른도 마찬가지겠지만) 아이들이 자주 틀리는 표현을 모았습니다. 한번 읽어 보시면서 얼마나 쉽지 않은 일인지 생각해 보세요. 어떤 표현이 어떤 상황에서 맞는 것인지 어른도 구분하기 쉽지 않죠.

돼요/되요
오랫만에/오랜만에
어의없다/어이없다
들어나다/드러나다
설레임/설렘
어떻게/어떡해
웬만하면/왠만하면
뵈요/봬요
설겆이/설거지
서슴치/서슴지
통채로/통째로
몇일/며칠
에요/예요

제가 인스타그램에 매일 올리는 글 전문을 아이와 낭독하고 필사하는 것도 좋고, 그게 분량이 많다면 중간중간 제가 제시하는 글만 낭독, 필사를 하시는 것도 좋습니다. 중요한 건 강도가 아닌 '빈도'라는 사실을 기억하고, 올바른 글을 매일 정기적으로 자주 접하게 해주는 겁니다. 하루 10분씩만 투자해도 6달 안에 눈에 보이는 효과를 볼 수 있습니다. 추가로 아이에게 이런 말을 들려주면 맞춤법을 틀리는 것에 대한 부담을 덜어낼 수 있고, 동시에 스스로 나아질 수 있게 노력하는 아이로 만들 수 있습니다.

"맞춤법은 누구나 틀릴 수 있어.
그냥 계속 써 보는 거야.
익숙해지면 결국 나아질 테니까."

"우리, 좋은 글을 자주 필사해 보자.
그럼 자연스럽게 맞춤법도 배울 수 있지."

"무언가를 썼기 때문에 틀릴 수도 있지.
틀려도 계속 글을 써 보는 거야.
우리, 더 중요한 가치를 잊지 말자."

실수하지 않고 완벽하게 하기를 바라는 마음이 아이를 아예 시도조차 하지 않게 만듭니다. 생각을 전환해야 아이가 글을 쓸 수 있고, 자신이 주도해서 공부도 할 수 있습니다.

이런 지성의 흐름을 인식하셔야 합니다.

"처음부터 실수하지 않고 완벽하게 해내는 방법은 없다.
다만 반복해서 시도하다 보면 저절로 실수가 줄어들고,
이를 통해 자신만의 방법으로 완벽해지게 된다."

‘대박, 존맛, 소름, 찢었다’라는 말
대신 쓰면 아이의 삶이 바뀌는 표현

아이들이 자주 사용하는 표현이 있죠. ‘어쩔티비, 저쩔티비’를 비롯해, ‘66일 대화법’ 시리즈를 통해서 자주 언급한 ‘대박, 존맛, 소름, 찢었다’라는 말이 있습니다. 이런 말이 아이들 삶에 어떤 영향을 미치고 있을까요? 뭘 먹고 어디를 가든, 누구를 보고 어떤 말을 듣든, 아이들은 ‘대박’이라는 표현 하나로 그 수많은 장면이 준 수천 가지의 느낌을 정리합니다.

중요한 사실은 아이들의 표현을 듣고 우리는 아이들이 뭘 보고 뭘 먹었는지 알 수 없다는 사실입니다. 생각과 느낌을 담은 말이 아니기 때문입니다. 100가지 서로 다른 음식을 먹었지만 아이들은 모두 '존맛'이라고만 표현하죠. 100가지 음식을 제공했지만, 그 표현을 듣고 우리는 아이들이 무엇을 먹었는지 도저히 알 수 없습니다. '대박, 존맛, 소름, 찢었다'라는 말은 대표적으로 생각을 지우는 표현들입니다. 자신이 받은 느낌을 구체적으로 생각하지 않아도 괜찮게 만들어 주기 때문이죠. 마치 '너는 생각하지 마, 내가 대신 생각하니까'라고 속삭이는 것과 같죠.

이렇게 이야기할 수도 있어요.

"말은 시대에 따라서 자연스럽게 변하는 거죠!"

"우리 때도 저런 식의 말들을 썼는데요!"

물론 맞아요. 그러나 이런 생각도 가능하죠. 시대의 흐름에 맞게 표현이 변하는 것도 좋지만, 그게 생각을 지우게 만든다면 아이들 삶에 좋지 않겠죠. 게다가 저런 수준 낮은 표현을 사용하는 아이에게는 창의력과 상상력을 기대하기 힘듭니다. 우리는 결국 자신이 보고 느낀 것을 언어로 표현하면서 생각하는 힘을 기를 수 있기 때문입니다. 아무런 생각도 하지 않는다면, 그 어떤 기대도 할 수 없겠죠.

하지만 아이의 표현을 갑자기 바꿀 수는 없습니다. '대박, 존맛, 소름, 찢었다'라는, 감정을 표현하는 가장 손쉬운 방법에서 벗어나는 건 생각보다 어렵습니다. 그래서 이럴 때 쓰면 좋은 것이 바로 '근사하다'라는 표현입니다. '근사하다'라는 표현이 아이의 표현력을 당장 바꿔주지는 않지만, 이런 멋진 생각을 하게 만들어 줍니다.

'아, 나도 나만의 느낌을 다르게 표현해 보고 싶다.'

정말 중요한 포인트입니다. '근사하다'라는 표현을 시작한 아이는 곧 '어쩔티비, 저쩔티비' 같은 표현도 사용하지 않게 됩니다. 스스로 무엇이 더 좋은 건지 깨닫게 되니까요. 아이들이 모두 사용하는 유행어나 신조어를 함께 쓰지 않으면 어울리지 못한다는 생각도 할 수 있어요. 하지만 '근사하다'라는 표현을 통해서 수준 높은 표현을 접하게 된 아이의 생각은 달라집니다. 더 좋은 것이 있는데 굳이 나쁜 것을 사용할 사람은 없으니까요.

믿기지 않는다면, 여러분이 직접 '근사하다'라는 발음을 해 보세요. 어제와 같은 공간에서 같은 음식을 먹더라도 '근사하다'라는 발음을 한 순간 주변이 달라지는 느낌을 받습니다. 그게 바로 '근사하다'라는 표현이 주는 마법입니다. 아이와 일상에서 이렇게 응용하면서 대화를 나눠 보세요. 다양하게 활용하시면 더욱 좋습니다.

"와, 그 인형 정말 근사하게 생겼다."

"오늘 먹은 음식 참 근사했어."

"방금 네가 한 표현도 근사한데."

"네가 그 옷을 입으니까
주변까지 근사해지는 기분이야."

우리에게 주어진 환경은 쉽게 바뀌지 않죠. 시간과 노력이 필요한 일입니다. 하지만 언어는 순식간에 우리의 기분과 일상을 달라지게 해줍니다. 그런데 '대박, 존맛, 소름, 찢었다'라는 말에는 그럴 힘이 없습니다. 스스로 생각해서 나온 자기만의 언어가 아니기 때문입니다. '근사하다'라는 말로 그 변화를 시작해 보세요. 이미 수많은 가정에서 실천하며 실제로 변화를 이끌었으니, 여러분도 할 수 있습니다. 근사한 오늘, 지금 시작해 보세요.

7세 이전에 들려주면
아이의 수학적 사고력을 키울 수 있는 말

학년이 올라갈수록 안타깝게도 많은 아이들이 수학을 포기합니다. 모든 것이 다 중요한 것들인데, 무언가 하나를 포기하는 아이들의 마음은 얼마나 아프고 힘들까요?

이건 단순히 공부나 점수의 문제를 떠나, 한 인간으로서 매우 중요한 문제입니다. 그런 고통을 아이에게 주지 않으려면, 수학을 바라보는 부모의 시선을 먼저 바꿀 필요가 있습니다. 이런 공식을 아예 삭제하는 거죠.

사고력 = 공부 (X)

아이의 사고력은 공부를 통해서 혹은 무언가를 암기하며 기를 수 있는 게 아닙니다. 문제는 바로 '태도'입니다. 아이는 주변을 바라보는 자신의 태도를 스스로 바꾸면서 이전과 전혀 다른 사고력을 갖게 되죠.

사고력 = 태도 (O)

7세 이하의 아이들은 주로 성공과 성취를 경험하며 사고력을 키워나가죠. 이때 부모가 일상의 곳곳에서 다음에 제시하는 10개의 말을 들려주면, 주변을 바라보며 인식하는 아이의 태도를 혁신적으로 바꿀 수 있습니다.

"좀 더 생각하면
다른 사실도 발견할 수 있지."

"오늘 하루는 주변에서 숫자 3과
상관이 있는 걸 한번 찾아보자!"

"나는 네가 '왜?'라고 물을 때,
내일을 좀 더 기대하게 돼.
무언가를 찾고 있다는 말이니까."

"반복하면 능숙해지고,
그럼 창의적인 방법이 떠오르지."

"필요한 물건을 찾기 위해서는
세심한 관찰력이 필요하단다."

"작가는 일상에서 영감을 발견하는 사람이고,
수학자는 자연에서 공식을 발견하는 사람이지.
노력하면 우리는 뭐든 발견할 수 있어."

"있다고 생각하고 찾으면
뭐든 찾아낼 가능성이 높아지지."

구구단을 빠르게 암기하고 숫자를 빨리 익히는 것과 수학적 사고력은 아무런 관계가 없어요. 지금도 아이들은 일상에서 세상을 바라보는 태도를 바꾸며 사고력을 키우고 있습니다. 다만 그 태도를 누가 더 빠르게 그리고 온전히 갖출 것인가가 중요하죠.

아이들은 부모의 말을 통해 주변에서 일어나는 모든 상황의 전후 관계를 알게 되고 관찰과 분석을 통해서 나름의 전략을 세우며 자연스럽게 수학적 사고를 키울 수 있습니다.

4~7세 아이의 정서와
지적 성장에 좋은 7가지 말

물론 아이의 모든 순간이 다 중요하지만, 유독 4~7세 사이를 강조하는 이유는 뭘까요? 4~7세 아이에게 들려주는 말은 달라야 한다고 강조하는 이유는, 그때 집중적으로 '정서의 결' 그리고 '지성의 방향과 깊이'가 결정되기 때문입니다. 이 시기에 성장을 이끌 수 있는 말을 자주 들려주면 자연스럽게 아이도 그 말을 받아들이며 자신만의 시간을 아름답게 만들어 나갈 수 있습니다. 다음에 소개하는 7가지 말을 매일 시간이 날 때마다 따스한 음성으로 아이에게 들려주세요.

"세상에서 가장 힘이 센 사람은
무력으로 이기는 것이 아닌,
무언가 하나를 침착하게 끝까지 해내는
내면이 탄탄한 사람이란다."

"네 존재만으로도 나는 기뻐.
다른 무엇이 될 필요는 없어.
지금 그대로 넌 이미 충분하니까."

"때로는 화를 낼 수도 있고
억지를 부릴 수도 있지.
중요한 건 소리만 지를 것이 아니라,
말로 설명할 수 있어야 한다는 거야."

"세상에는 10년이 걸리는 일도 있지만
1분이면 할 수 있는 일도 있어.
시간이 1분만 남아 있다고 불평하지 말고,
1분 동안 할 수 있는 일을 해내면 된단다."

"너는 네가 생각하는 모든 것을
네가 그리는 만큼 해낼 수 있지.

너의 생각이 곧 너의 가능성이란다."

"네가 스스로 허락하지 않는 한,
누구도 네게 실패라고 말할 수는 없어.
언제든 우린 다시 시작할 수 있으니까."

"못된 말과 행동은
무엇보다 자신에게 좋지 않아.
세상에 분노로 풀리는 문제는 없단다.
하지만 늘 예쁘게 말하면,
예쁜 미래가 찾아오지."

아이의 정서와 지성의 발달을 돕는 7가지 말을 소개했습니다. 조금 어렵게 느껴지는 말과 표현도 있을 겁니다. 하지만 그럼에도 자주 들려주는 게 좋습니다. 모르던 말도 자주 듣게 되면 점점 익숙해지면서 자연스럽게 자신의 생각과 주변을 바라보는 태도로 자리 잡게 되니까요. 아이가 이해하지 못할 것을 걱정하지 마세요. 우리가 정말 걱정해야 할 것은 '적절한 시기에 적절한 말을 들려주지 못하면 어쩌지?'라는 고민입니다.

그리고 아이에게 이 말을 하며 또 하나 좋은 점은, 말하는 부모 자신에게도 들려줄 수 있다는 사실입니다. 부모와 아이가 같은 말을 함께 나눈다는 것, 얼마나 근사한 일인가요. 하나의 풍경화처럼 아이와 사랑스러운 시간을 보낸다는 그것이, 바로 무엇과도 바꿀 수 없고 돌아갈 수 없는 그 아름다운 시간을 최대한 지혜롭게 즐기는 방법입니다.

"책 다 읽었니?"라는 말 대신 이렇게 말해 주세요

많은 부모가 아이에게 책을 권합니다. 대부분 어떤 배경지식도 없이 그저 읽으라고 던져 주죠. 아이와 함께 책을 방치하는 모습입니다. 그런데 과연 독해가 가능할까요? 아이가 글을 제대로 읽을 수 있을까요?

아이는 그저 기계처럼 글자를 읽을 뿐이죠. 여러분이 아이에게 원하는 게 그런 것이라면 소중한 아이를 생각할 줄 모르는 어리석은 사람으로 키우는 것과 다름없습니다. 한 줄을 읽더라도 스스로 생각할 수 있도록 지성이 살아 있는 교육을 해야 합니다.

"다 읽었니?"라는 말은 결과만을 강조한 말입니다. "네, 다 읽었어요"라는 답을 하기 위해 아이는 중간에 멈추지 않고 매우 빠르게 마지막 페이지에 도착합니다. 그 과정에서 어떤 생각이나 느낌도 찾지 못하죠. 어차피 도착만이 목적인 독서였으니까요.

만약 질문을 바꿔서 이렇게 물었다면 어떨까요?

"어디에서 멈췄니?"

그럼 이렇게 연속적인 질문으로 아이의 생각을 효과적으로 자극할 수 있어요.

"무엇이 너를 멈추게 했니?"

"그 부분에서 어떤 생각을 했어?"

"거기에서 느낀 것을 어떻게 네 삶에 적용할 수 있을까?"

공부의 가치는 결과가 아닌 과정에 집중되어 있습니다. 독서를 하면서도 아이는 부모의 말을 통해 그 가치를 알 수 있죠. 이런 이야기를 들려주면 아이에게 공부와 독서의 새로운 가치를 전달할 수 있습니다.

"멈추지 않고 책을 끝까지 읽었다는 건
어떤 질문도 하지 못했다는 사실을 의미하지."

"책 100권을 읽는 것도 중요하지만,
1권을 100번 읽는 건 더 중요해."

"책을 읽다가 가장 흥미로운 부분에서
책을 덮고 이렇게 생각해 보는 거야.
'내가 작가라면 다음 이야기를 어떻게 쓸까?'"

"같은 책을 읽어도 다른 것을 느낄 수 있다면
우리는 아무도 모르는 새로운 사실을 배울 수 있지."

어떤가요? 내 아이가 이런 말을 듣는 상상만 해도 기분이 좋아집니다. 이 말을 통해 만날 세계가 기대되기 때문이죠. 결과가 아닌 과정을 묻는 독서를 지금 시작하세요. 그게 정말 아이에게 도움이 되는 독서이자, 진짜 공부의 시작입니다.

아이의 사고 발달에 좋지 않은 부모의 5가지 말

예전에 클래식이 아이 두뇌 성장에 좋다는 연구 결과가 나와서 전 국민이 아이들에게 클래식을 들려준 일이 있었습니다. 제가 아이에게 도움이 될 좋은 글과 말을 소개할 때마다 "이 말을 우리 아이가 이해할 수 있을까요?", "이 말의 의미를 모두 이해할 수 있을까요?"라고 묻는 분들이 있었죠. 저는 이렇게 묻고 싶어요. "그럼 클래식은 아이가 모두 이해할 수 있을까요?"

클래식만 그런 게 아닙니다. 박물관과 미술관의 작품들은 아이가 모두 이해할 수 있을까요? 그럼에도 아이에게 좋은 음악과 작품을 보여주는 이유는 뭘까요? 자신도 모르게 그것을 흡수해 성장의 자양분으로 삼기 때문이죠. 이해할 수 있는 것만 보여주고 들려주면, 아이의 성장은 더딜 수밖에 없고 한계에서 벗어나지 못할 겁니다.

아이의 두뇌는 평생 성장하는 게 아닙니다. 태어나서 활발하게 성장하던 뇌는 7세를 기준으로 성장의 속도가 매우 느려집니다. 좋은 음악을 들려주는 것처럼, 아이가 최대한 어릴 때 좋은 말과 언어를 자주 접하게 해주는 게 두뇌 성장에 좋습니다.

명문가에서 다시 인재가 나오는 이유는 뭘까요? 대대로 내려오는 언어의 철학과 말의 깊이가 다르기 때문입니다. 돈은 일시적으로 생겼다가 사라질 수도 있지만, 언어는 쉽게 쌓을 수 없으며 또 사라지지 않고 그 사람의 역사를 보여줍니다. 언어의 힘이 곧 가정과 아이를 성장시키는 결정적인 자본이 되는 거죠.

어릴 때부터 부모의 자상하고 친절한 말을 듣고 자란 아이는 정서적으로 매우 안정적인 모습을 보여줍니다. 무엇을 하든 안정적인 모습으로 주변의 좋은 평가를 받으며, 스스로도 행복한 삶을 살아갑니다. 물론 공부도 안정된 정서로 잘 해냅니다. 이는 매우 당연한 결과입니다. 어릴 때부터 부모의 말을 통해 자신의 미래를 하나하나 준비했기 때문이죠.

또한 아이의 뇌는 부모를 닮습니다. 다시 말하자면 이렇게 표현할 수 있죠. 아이의 뇌는 부모의 말을 닮습니다. 특히 스트레스에 약한 아이들에게 가장 필요한 건 정서적으로 안정된 부모의 존재입니다. 그래야 믿고 의지하며 자신만의 하루를 만들어 나갈 수 있기 때문입니다.

아이의 사고 발달에 가장 좋지 않은 표현은 크게 5가지로 구분할 수 있습니다.

1. 안 돼!
2. 저리 가!
3. 하지 마!
4. 불가능해!
5. 혼난다!

이런 식의 표현이 들어간 말은 모두 조심해야 합니다. 모든 가능성을 부정하며 동시에 도전까지 허락하지 않은 말이라서, 아이의 정서와 두뇌에 나쁜 영향을 주기 때문입니다. 대신 이렇게 부모 자신이 듣기에도 아름다운 말로 바꿔서 들려주세요.

1. 안 돼!
→ "가능한 방법을 찾아보자."
"조금 더 노력하면 될 것 같은데."

2. 저리 가!

→ "조금만 조심하면 너도 할 수 있어."
"엄마랑 같이 해 볼까?"

3. 하지 마!
→ "우리 같이 도전해 보자."
"해 보려는 태도가 정말 멋지다."

4. 불가능해!
→ "도전하면 결국 해낼 수 있어."
"뭐든 처음에는 불가능하게 느껴지지."

5. 혼난다!
→ "실수해도 넌 여전히 소중한 내 아이야."
"아주 좋아. 실수하면서 점점 나아지고 있네."

부모의 모든 말은 아이의 정서와 두뇌를 빛낼 씨앗입니다. 부모의 말은 아이 삶의 가장 소중한 것들을 아름답게 꽃피게 해주는 세상에서 가장 향기로운 씨앗이죠. 따뜻한 사랑으로 꽃피게 해주세요.

아이에게 문해력의 가치를
생생하게 전해 주어야 하는 이유

문해력이라는 단어가 마치 유행처럼 여기저기에서 들려온 지 몇 년이 되었습니다. 한국의 대표 지성 故 이어령 선생님과 지난 10년 동안 치열하게 토론하며, 또한 독일을 대표하는 대문호 괴테의 책을 15년 넘게 읽고 상상의 대화를 나누며, 문해력은 단순한 학습의 도구가 아니라 한 사람의 생명을 죽일 수도 반대로 살릴 수도 있는 '생존력'이라는 사실을 알게 되었습니다. 그래서 2010년부터 연구해서 나온 결과를 이미 2020년에 『문해력 공부』라는 책에 담아 세상에 전했죠. 한국에 문해력이라는 단어가 낯설 때부터 그 위대한 가치를 전하며 다닌 셈입니다.

우리 이걸 먼저 생각해 보죠. 아이들이 '심심한 사과'의 의미를 모르고 '사흘'을 '4일'로 잘못 알고, '고지식'을 'High 지식'이라고 생각하는 현실이 과연 문해력의 문제일까요? 여러분의 생각은 어떠세요? 누군가 SNS에서 자신의 실수를 반성하며 "심심한 사과 말씀드린다"라고 공지하자, 이런 식의 댓글이 쏟아진 이슈가 있었던 걸 기억하시나요?

"누가 심심하게 사과를 하냐!"

"생각이 있는 거냐? 놀리냐!"

"미친 거 아닌가? 제정신이야!"

이런 식의 상황은 여기에서 끝나지 않아요. '이지적'이라는 칭찬에 격분하며 이렇게 말하죠. "지금 날 쉽게^{easy} 보는 건가요?" 반대로 고지식하다는 부정적인 평가에는 "고^{high}+지식^{knowledge}"으로 생각해, "좋게 생각해 주셔서 감사합니다"라고 답하죠. 뉴스 등 미디어에서는 이런 이슈들을 다루면서, 아이들이 '사흘'의 의미를 4일로 아는 건 '문해력이 낮기 때문'이라고 분석하고 있어요. 물론 맞는 말입니다. 하지만 우리는 '사흘'의 의미를 아는 것보다 더 중요한 문제를 지금 놓치고 있습니다.

정작 '사흘'이 '3일'이라는 사실을 아무리 알려 줘도 그 지식을 자신의 방식으로 응용하여 말과 글로 활용하지 못한다는 것입니다. 단순히 모르는 게 문제가 아니라, 활용하지 못하는 게 본질적인 문제입니다. 이게 왜 중요한 문제일까요? 활용하는 힘은 단순히 배운 지식을 활용하는 선에서 끝나지 않기 때문입니다. 반대로 배우지 않아도 저절로 깨닫게 해주는 힘까지 갖고 있죠.

문해력은 암기력이 결정하지 않습니다. 책을 많이 읽고 단어 뜻을 외우는 것만으로는 해결되지 않는 문제라는 사실입니다.

문해력의 가치에는 크게 3가지가 있습니다.

① 이미지와 공간, 정보를 텍스트로 변환해서 내면에 담는 능력
② 배우지 않아도 다양한 생각과 짐작을 통해 스스로 깨치는 능력
③ 지금 배운 지식 하나를 과거에 배운 지식과 연결하여 새로운 세계를 창조하는 능력

'사흘'이 '3일'이라는 사실을 배워서 암기하는 것이 중요한가요? 그게 아니면 전후 사정을 고려해 눈으로 짐작해서 발견하는 것이 중요한가요? 다시 조금 더 분명하게 묻습니다. '사흘은 3일입니다'라고 답하는 게 중요한가요? 자신만의 방식으로 말과 글에 적용해서 전천후로 활용하는 것이 중요한가요? 암기만 유도하는 독서는 아이를 이렇게 만들죠.

"활용하지도 못하면서 배우기만 하는 기계"

반면, 문해력이 높은 아이들은 책 속 내용을 다각도로 이해하고 일상 어디에나 적용하며 매일 성장합니다. 책 100권을 읽고 암기한 지식에는 힘이 없어요. 지금 우리 아이에게 필요한 것은 하나의 지식을 다른 지식과 연결한 후, 새로운 것을 창조하는 지적 능력이죠.

'나는 왜 문해력을 가져야 하는가?'에 대해 스스로 생각하고 그 가치를 아는 아이는 중간에 포기하지 않습니다. 그래서 문해력의 가치를 아는 과정이 매우 중요합니다. 이 글 전체를 읽고 함께 필사까지 하면 아이에게 더욱 빠르게 문해력의 가치를 전할 수 있습니다.

문해력 높은 아이들이
부모에게서 자주 들었던 14가지 말들

문해력을 타고난 아이도 분명 있지만, 특별한 0.1퍼센트 정도의 아이를 제외하면 대부분의 아이는 부모에 의해서 후천적으로 기른 경우입니다. 가장 결정적인 역할을 하는 건 역시 일상에서 자주 들려준 부모의 말이죠.

읽기만 하면 저절로 대부분의 문장을 자신의 방식으로 이해하고 추론하는 아이들에게는 어떤 비밀이 있는 걸까요? 만약 여러분의 아이가 다섯 줄만 넘어도 글을 읽지 못한다면, 짧은 스마트폰의 글과 자극적인 영상에만 환호하고 있다면, 지금부터 소개한 말을 일상에서 자주 들려주세요.

"뭐든 집중해서 바라보면
보이지 않는 것을 발견할 수 있지."

"원하는 것이 있다면
자신감을 갖고 시작해 보자."

"책을 읽듯 주변을 읽어 보자.
일상이라는 책에도 좋은 게 많거든."

"여러 번 반복해서 생각하면
몰랐던 의미를 알아낼 수 있어."

"세상에 빛나지 않는 별은 없어.
각자의 자리에서 모두가 빛나고 있지."

"의견이 다르다고 걱정하지 마.
너라서 다르게 볼 수 있는 거야."

"꽃을 보듯 사람을 보면,
모든 사람에게서 향기를 느낄 수 있지."

"새로운 일은 일어나는 게 아니라,
네가 스스로 찾아내는 거야."

"안경을 쓰면 세상이 선명해지듯,
좋은 마음이라는 렌즈로 세상을 바라보면
지금까지 발견하지 못한 게 보일 거야."

"맞춤법은 틀려도 괜찮으니 걱정하지 마.
생각을 글로 쓴다는 게 더 위대한 일이니까."

"빠르게 도착하는 것도 좋지만,
중간중간 멈출 용기도 필요해."

"잘하려고 애쓰지 않아도 괜찮아.
계속 한다는 것 자체가 근사한 일이야."

"당장은 조금 서툴더라도
네 생각을 당당하게 말하는 게 좋아."

"무언가를 볼 때마다,
'무슨 차이가 있는 걸까?'라는

질문을 하면 너만의 답을 찾을 수 있지."

부모의 말이 아이의 생각을 깨운다면, 그 아이는 세상을 새롭게 바라볼 수 있고 자기만의 분명한 시선을 가질 수 있게 됩니다. 아이의 문해력을 키우기 위해서는 100권의 책을 읽는 것도 좋지만, 100번 읽을 책 한 권을 발견하는 것도 못지 않게 중요한 거라는 근사한 사실을 깨닫게 해야 하죠.

"배우지 말고 발견하라.
들추지 말고 침투하라.
놀라지 말고 경탄하라."

문해력의 본질을 압축한 이 세 줄의 글을 깊이 읽어보세요. 쉽게 이해할 수 없다면 매일 조금씩 시간을 내서 생각해 보세요. 글을 이해한 순간부터 여러분의 입에서 나오는 말은 이전과 완전히 달라지게 될 겁니다. 깊이 제대로 볼 수 있다면, 아이의 인생은 확 달라집니다.

"문해력은 곧 생존력입니다."

사고력과 이해력이 자라나게 해주는 '생생하게 상상하기'의 힘

놀랍게도 유럽인들은 18세기까지도 지구 남쪽에 거대한 남방 대륙이 존재한다고 믿고 있었어요. 직접 볼 수는 없었지만, 온갖 상상력이 창조한 나름의 이유를 들어서 자신이 그린 세계를 강력하게 믿고 있었던 거죠.

그런데 이야기는 그게 끝이 아닙니다. 그들은 남방 대륙의 북쪽 끝이 아프리카의 남단과 붙어 있을 것이라고 생각했어요. 상상에 상상을 더하며 실제로 그렇게 그림을 그리기도 했답니다. 그런데 그 모든 상상이 쓸모없는 것이었을까요?

상상은 상상으로만 끝나지 않았습니다. 그들은 탐험을 통해서 상상이 옳았다는 사실을 하나하나 밝혔죠. 물론 조금 틀린 부분도 있었지만, 그건 중요하지 않았습니다. 무엇보다 중요한 건 이런 사실이죠.

"우리는 상상한 것만 현실로 만날 수 있다."

지금은 그 어떤 시대보다 상상력이 중요하죠. 상상하는 만큼 질문하며 공부할 수 있고, 그 결과를 현실에서 만날 수 있으니까요.

다음에 소개하는 말을 아이와 낭독과 필사로 혹은 대화에서 자연스럽게 나누어 주세요. 상상의 세계로 빠지게 된 아이는 사고력과 이해력이 쑥쑥 자라날 거예요.

"아는 것도 중요하지만
상상하는 것도 중요하단다.
아는 것은 현실에 머물게 하지만,
상상은 너만 아는 세상으로 떠나게 해주지."

"지금도 여기저기에서 새로운 것들이
네가 부르기만 기다리고 있어.
우리는 상상이라는 장치로만,
그것들을 여기로 부를 수 있단다."

"상상하지 않으면 질문할 수 없고,
질문하지 않으면 탐험할 수 없으며,
탐험하지 않으면 발견할 수 없단다."

"상상은 실천에서 나오는 선물이야.
아는 것을 실천하다 보면,
새로운 사실을 발견하게 되니까."

"지식은 누구나 배우면 알 수 있지만
상상력은 나만의 것이지."

"너는 네 생각보다 더 큰 사람이야.
엄마는 네 입에서 나오는 말을 늘 기대해."

무언가를 시작하는 사람은 과감하게 보이지만, 그들은 시작을 결정하기 전에 백 번 넘게 자신의 시작에 대해서 상상한 사람입니다. 앞서 유럽인들의 사례를 보면 쉽게 알 수 있어요. 상상과 탐험은 결코 일시적인 판단이 아닌 거죠. 사람은 확신이 생기지 않으면 움직이지 않으니까요. '용기가 없어서 시작하지 못하는 게 아니다.' '더 많이 상상하면 움직일 가치를 느끼게 된다'라는 그 근사한 사실을 아이와 나누어 주세요.

부모의 '열린 표현'이
아이의 사고를 열어 줍니다

참 대단하죠. 아이들은 거의 매일 사고를 칩니다. 어제와 전혀 다른 독특한(?) 사고를 치고, 부모는 그걸 감당하기 위해 매일 전력을 다하죠. 문제는 그런 와중에 습관처럼 나오는 부모의 말에 끝없이 성장해야 할 아이의 생각 에너지가 매우 부정적인 영향을 받는다는 사실입니다.

"또 사고 치네!"

"도대체 왜 자꾸 그러는 거야!"

"하지 말라고 했어, 안 했어!"

어떤가요? 기분이 좋아지는 말투는 아니죠. 아이들은 부모의 말투에서 감정을 느낍니다. 이런 방식의 말투는 아이를 위협하고, 생각을 멈추게 하는 동시에 두려움에 떨게 만들죠.

'어쩌지? 나 또 혼나는 거야?'

'망했다. 어디로 피해야 하나?'

물론 급하게 나온 말이라서 그런 건 이해합니다. 그럴 때는 이것 하나만 기억하면, 누구나 쉽게 근사한 표현을 찾을 수 있습니다. '판결형 표현'이 아니라, '열린 표현'을 사용해 주세요. 판결형 표현은 아이의 생각을 멈추게 하지만 열린 표현은 멈춘 생각도 다시 뛰게 만듭니다.

자, 곰곰이 생각하며 읽어 보세요. "또 사고 치네!"라는 말은 "넌 사고만 치는 아이야!"라는 말로, "도대체 왜 자꾸 그러는 거야!"라는 말은 "넌 생각 없이 사는 아이야!"라는 말로, "하지 말라고 했어, 안 했어!"라는 말은 "너, 이제 벌 받아야겠다"라는 말로 들리죠. 판사가 내리는 판결과 같은 표현이라서 그래요. 그런데 같은 말도 이렇게 바꾸면 전혀 다른 감정이 느껴집니다.

"또, 사고 치네!"라는 말은

"뭘 하려고 그러는 거니?"라는 말로,

"도대체 왜 자꾸 그러는 거야!"라는 말은

"어떤 생각을 하고 있는지 궁금하네"라는 말로,

"하지 말라고 했어, 안 했어!"라는 말은
"네 행동에 대해서 어떻게 생각하니?"라는 말로,

이렇게 표현을 조금만 바꾸면 감정이 사라지며 동시에 발전적인 생각을 할 수 있게 되죠. 아래의 글을 필사하며 마음을 다지면 누구나 쉽게 아이를 위한 언어를 꺼낼 수 있습니다.

"부모 입에서 나오는 모든 언어는
아이의 생각을 긍정적으로 자극해야 합니다.
스스로 이유를 찾도록 해야 합니다.
스스로 바뀌게 해야 합니다.
그래야만 스스로를 더 큰 사람으로 만들 수 있습니다.
가장 이상적인 교육은 부모의 말로 완성됩니다."

부모가 소리 지르며 혼만 내려고 하지 않고, 아이가 원하는 것을 섬세하게 물을 수 있다면, 깊은 생각을 통해 지혜로운 아이로 성장할 수 있습니다. 정말 기적과도 같은 과정이죠. 단지 한마디 말만 바꾸면 만날 수 있는 현실이니까요. 늘 '열린 표현'을 통해 아이에게 가능성을 보여주세요. 그럼 아이는 자신의 삶으로 그게 옳았다는 사실을 증명할 겁니다.

6장

자신감을 잃지 않고
끝까지 공부하는 아이로 키우는
대화 11일

아이에게 '기대해'라는 표현을
주의해서 써야 하는 이유

"어제와 똑같이 살면서 다른 미래를 기대하는 것은 정신병이다." 아인슈타인의 말입니다. 그의 말은 이런 식으로 해석할 수 있겠죠. "어제보다 나은 삶을 살면, 더 좋은 미래를 기대할 수 있다." 그리고 이 이야기를 부모의 시선에서 거꾸로 바꾸면 어떨까요? "부모의 적절한 기대를 받으면, 아이는 스스로 나아지기 위해서 더 근사하게 자신을 변화시킬 것이다."

하지만 기대한다는 표현은 섬세하게 사용해야 하는 말 중 하나입니다. 부모가 너무 큰 기대를 하면 아이는 오히려 의욕과 자신감을 잃게 되니까요. 아이에게 '기대'라는 의미를 전할 때 부모님이 꼭 기억하셔야 할 4가지 사항이 있습니다.

① 성적과 관련된 기대는 하지 않는다.
② 다른 사람과 비교하며 기대하지 않는다.
③ 내가 들어도 기분 나쁜 말은 하지 않는다.
④ 나의 기대를 아이에게 물려주지 않는다.

이런 식의 기대는 좋지 않습니다.

"이번 시험에서는 엄마 친구 아들보다
네 점수가 더 높기를 기대하고 있어."

"엄마랑 아빠가 뭘 기대하는지 알지?
너라면 꼭 해낼 수 있어, 기대할게!"

대신에 이렇게 위에 나열한 4가지 사항을 제외한 말들을 들려주면 좋습니다.

"이번에도 너의 선택이 기대된다.
네가 시작한 건 늘 이루어지니까."

"네가 청소하고 깨끗해질
예쁜 방의 모습이 기대되네."

"네가 끓이는 라면 기대할게.
먹을 생각에 벌써부터 행복해진다."

"오늘은 학교에서 또 뭘 배울까?
생각만으로도 기대되지 않아?"

"네가 뭔가를 만들어서 보여줄 때마다,
우린 언제나 기대하는 마음이야."

"이번에 네가 읽을 책 기대되네.
얼마나 흥미로운 이야기가 펼쳐질까?"

"우리는 늘 네 하루하루를 기대해.
멋지게 자라줘서 정말 고마워."

이렇게 '기대해'라는 말을 활용해서 섬세한 마음을 전하면
아이는 삶을 대하는 자신의 태도를 바꿉니다. 그럼 아이의 인생
이 앞으로 어떻게 될까요? 이상하게 함께 있으면 기분이 좋아지

는 사람이 있죠. 그 사람이 시작하면 뭔가 결과가 좋을 것 같고, 주변에 늘 좋은 사람과 멋진 소식만 가득해서 부럽다는 생각이 들기도 합니다. 그들의 특징은 바로 '태도가 다르다는 것'입니다. 같은 상황에서도 그들은 더 좋은 부분을 바라보며 온 마음을 그곳에 집중하죠. 공부할 때 아이들도 마찬가지입니다. 배움에 대한 긍정적인 태도, 좋은 것을 발견할 수 있는 안목과 시각은 그걸 가진 사람에게 공부의 즐거움을 넘어 행복한 인생을 선물로 주니까요.

숙제하기 싫어 떼를 쓰는 아이에게
들려주면 좋은 공감의 말들

"싫어, 유튜브 더 보고 싶단 말이야."

"숙제하기 싫어, 귀찮아!"

"장난감 사주지 않으면 공부 안 할래!"

아이가 떼를 쓰면 부모는 이렇게 소리치며 아이를 혼냅니다.

"너 공부는 언제 하려고 그래!"

"일단 집에 오면 숙제 먼저 하라고 했지!"

"너 자꾸 게임 타령할 거야!"

이렇게 떼를 쓰면서 말을 듣지 않는 아이에게 화를 내며 소리 지르는 행동은, 서로가 서로에게 폭력을 행사하는 것과 같습니다. 결국 분노와 미움만이 남아 그 순간을 최악으로 기억하게 되죠. 아이가 떼를 쓰면서 고집을 부릴 때는 이런 질문을 통한 생각의 전환이 필요합니다.

'아이는 왜 고집을 부리는 걸까?'

'떼를 쓰면서 말을 듣지 않는 이유가 뭐지?'

이런 질문을 여러분 자신에게 던져 보세요. 그럼 이런 새로운 사실을 깨닫게 됩니다.

"정확히 말하자면 아이의 고집은 부모가 보기에 고집이지, 아이 자신에게는 꼭 필요한 절실한 문제다."

그렇게 아이 마음에 먼저 공감하면 어떻게 반응해야 할지 언어의 길이 보이기 시작합니다. 앞서 나온 예를 통해서 아이에게 어떻게 말해야 하는지 그 내용을 전하려고 하니, 여러 번 읽고 꼭 여러분의 언어로 만들어 주세요.

"너, 공부는 언제 하려고 그래!"

→ "유튜브 영상을 좀 더 보고 싶었구나.
하지만 지금은 공부할 시간이란다."

"일단 집에 오면 숙제 먼저 하라고 했지!"

→ "공부하고 왔으니 놀고 싶은 마음 이해해.
그런데 숙제를 먼저 하지 않으면
나중에 혹시 못할 수도 있으니
먼저 해두면 마음도 편안해질 거야."

"너, 자꾸 게임 타령할 거야!"
→ "엄마도 게임 좋아하는데,
자꾸 게임을 하다 보면
정작 꼭 해야 할 일을 못하게 되더라.
뭐든 적당히 하고 딱 끝내는 게 중요해."

아이의 성장과 가치는 부모의 언어 수준을 뛰어넘을 수 없습니다. 우리가 이렇게 '말 공부'를 하면서 어제보다 나아지려고 노력하는 것도 모두 그것 때문이죠. 숙제하기 싫어서, 학교 공부가 싫어서 떼를 쓰는 아이를 무작정 혼내는 것은 지혜로운 선택이 아닙니다. 그건 아이 입장에서 볼 때, 반대로 부모가 자신에게 떼를 쓰는 것과 같게 느껴지기 때문이죠. 아이가 계속해서 떼를 쓴다면 아이보다는 먼저 나의 언어를 돌아볼 필요가 있습니다. 위에 제시한 말을 반복해서 읽고 필사하며 여러분의 것으로 만들어 주세요. 그럼, 때에 맞게 변주해서 멋지게 활용할 수 있습니다.

아이와 놀 때 지속 가능한 배움의 기쁨을 느끼게 해주는 부모의 말

아이와 함께 시간을 보낸다는 건 참 아름답고 위대한 일입니다. 육아는 아이라는 하나의 세계를 매일 조금씩 아름답게 만들어 가는 것이자, 아이 내면에 있는 고유한 가치를 꺼내 농밀하게 완성하는 과정이기 때문이죠. 특히 부모와 즐거운 시간을 보내며 놀 때 아이의 정서와 지능, 상상력과 창의력, 자존감과 사회성이 동시에 발달합니다. 가장 중요한 사실은 바로 이것입니다. 아이에게 놀이는 그저 시간을 소비하는 순간이 아니라, 자신에 대해서 공부하고 깨닫는 순간이라는 사실이죠. 당연히 이때 들려주는 부모의 말이 매우 중요한 역할을 합니다. 여러분은 지금 어떤 이야기를 들려주고 있나요?

　모든 부모의 마음은 다 같아요. 사랑하는 아이에게 적절한 때 가장 도움이 될 말을 들려주고 싶죠. 하지만 그게 참 쉽지 않아요. 좋은 의도로 전한 말이 때로는 아이에게 상처로 남기도 하니까요. 그래서 아이와 놀 때 들려주면 아이가 배움의 기쁨을 느낄 수 있고, 함께 보내는 시간마저 근사하게 만들어 줄 수 있는 말을 준비했습니다. 아이와 노는 시간 중간중간에 들려주면 좋으니 자주 활용해 주세요.

　"하루 중에 너랑 노는 시간이 가장 좋아.
　늘 생각지도 못한 멋진 표현으로
　엄마를 놀라게 만들어 주니까."

　"더 많은 세상을 이해하고 싶다면
　더 많이 즐겁게 노는 것도 중요해."

　"오늘은 뭘 하면서 놀까?
　아빠는 네가 어떤 생각을 하는지
　언제나 참 궁금하고 기대가 된단다."

　"네가 책을 읽고 배운 것을

놀이를 통해 실천해 볼 수 있지.
그래서 노는 시간은 참 소중해."

"처음 만나는 친구라도
함께 노는 시간을 가지면
좀 더 이해할 수 있게 된단다."

"이렇게 무언가를 만들고 그리며
노는 시간은 참 중요해.
상상력이 넘치는 시간이라 그렇지."

"노는 것도 방법이 있어.
열심히 행복하게 놀다 보면,
너만의 방법을 찾아낼 수 있을 거야."

"놀면서 배운 것은 잊히지 않아.
네가 스스로 찾은 거라서 그렇지."

"마음이 힘들 때는 하던 일을 멈추고
열심히 노는 게 좋아.
행복하게 놀면 힘든 게 사라지거든."

"세계 최고의 예술 작품은
아무래도 웃는 너의 얼굴인 것 같아.
날 언제나 기쁘게 만들어 주니까."

잘 놀아야 잘 자랄 수 있어요. 에디슨도 자신의 삶을 이렇게 표현했죠.

"나는 평생 단 하루도 일을 하지 않았다.
그것은 모두 재미있는 놀이였다."

아이가 마음껏 자기 자신에게 몰입하며 즐겁게 노는 시간도 마찬가지입니다. 아이는 놀면서 자기 생각을 표현할 수 있고, 현실에 옮기며 교과서에서는 배울 수 없는 다양한 분야의 지식을 스스로 깨닫게 됩니다. 노는 동안 아이라는 세계에서는 이렇게 수많은 일이 일어나고 있습니다. 아이들은 놀며 배움의 기쁨을 느끼고, 이렇게 얻은 즐거움과 자신감으로 뭐든 끝까지 해내게 됩니다.

새들에게 날개가 있다면 아이들에게는 놀이가 있어요. 새를 날 수 있게 하는 힘이 날개에 있다면, 아이를 자신의 세계 속에서 자유롭게 날아갈 수 있게 하는 힘은 놀이에 있는 거죠. 놀면서 아이들은 자신의 가치를 깨닫고, 상상만 하던 것을 실제로 눈앞에 생생하게 펼쳐서 관찰합니다. 이 얼마나 위대한 일인가요. 아이가 행복하게 노는 시간을 즐길 수 있게, 곁에서 위에 제시한 말을 들려주세요. 한 세계가 아름답게 자신을 탄생시키는 과정을 지켜봐 주세요.

프랑스의 초등학교 급식에는
왜 케첩이 자주 나오지 않을까?

케첩은 새콤달콤한 맛을 내는 소스라서, 감자튀김과 같은 기름에 튀긴 음식과 아주 잘 어울립니다. 그런데 왜 프랑스의 초등학교에서는 급식 시간 유독 케첩을 아이들에게 제공하지 않는 걸까요? 그 이유는 매우 놀랍고도 섬세합니다.

아직 미각이 완전히 발달하지 않은 아이들에게 달고 신맛이 너무 강한 케첩을 자주 먹이면, 프랑스 전통 요리의 섬세한 맛을 느낄 수 없게 되기 때문입니다. 그래서 일주일에 단 한 번 감자튀김이 나올 때만 케첩을 제공하고 있죠.

우리 삶에도 케첩과 같은 존재가 있습니다. 맞아요. 듣기만

해도 강하게 느껴지는 자극적인 언어가 바로 그 주인공입니다. 몸에 들어가는 케첩보다, 영혼과 내면에 흡수되는 언어가 더욱 위험하죠. 하지만 눈에 보이지 않으니 딱히 제한하지 않고 사용하고 있는 게 바로 우리의 현실입니다. 부모의 자극적인 언어는 아이의 언어 발달을 방해합니다. "다들 그런다." 혹은 "다들 쓰는 말이야"라는 이유로 말이죠.

그러나 그건 이유가 될 수 없어요. 우리가 쓰는 언어는 우리의 수준을 바로 보여주는 척도가 되죠. 언어의 한계가 삶의 한계이자 공부의 한계인 셈입니다. 부모가 격이 다른 언어를 아이에게 들려줄 수 있다면, 아이 역시 격이 다른 배움의 깊이를 알게 됩니다. 방법은 결코 어렵지 않습니다. 아이에게 격이 다른 언어를 전하려면, 다음 2가지를 조심하면서 대화를 나누면 됩니다.

1. 아이의 단점을 주변 사람들의 장점과 비교하는 말

"네가 저 아이처럼

키가 크면 얼마나 좋을까?"

"너는 너무 내성적이라서

저 친구처럼 발표를 못하니,

앞으로 수업 시간에 어쩌니!"

"너도 네 친구처럼

좀 차분해지면 좋을 텐데."

2. 아이의 생각을 인정하지 않고 비난하는 말

"넌 왜 그렇게
이상하게 생각하는 거야?"
"그게 말이 된다고 생각해!
좀 정상적으로 생각하면 안 되겠니?"
"네 생각은 좀 별론데.
평범하게 생각할 수는 없니?"

그리고 아이에게 말을 3가지로 구분해서 알려 주세요. 같은
상황에서도 사람에 따라 3가지 방법으로 생각을 표현할 수 있는
데, 늘 나쁜 수준에서 벗어나 더 좋은 말의 수준에 도달하려고 애
를 써야 한다는 사실을 알려 주는 게 좋습니다. 더 좋은 말을 하
기 위해서 시간을 투자해야 한다는 사실을 알면, 아이도 말을 가
려서 사용하게 됩니다.

1. 나쁜 말
2. 좋은 말
3. 더 좋은 말

물론 현실은 참 힘듭니다. 유튜브 등 각종 매체를 통해서 아
이들이 무분별하게 자극적인 언어를 흡수하고 있죠. 아이들이 나

누는 대화를 들어보면 대체 무슨 말을 하고 있는지 짐작도 되지 않거나, '이런 표현을 아이가 해도 되나?'라는 생각이 들 정도로 자극적인 단어를 태연하게 사용하는 경우도 있습니다. 학교나 학원에 가면 다양한 생각을 가진 아이들을 만나기 때문에 집에서 쓰지 않는 신조어, 줄임말, 때로는 욕설 등을 사용하게 됩니다.

하지만 현실이 그렇다고 아이를 그런 참혹한 환경에 그냥 방치할 수는 없습니다. 그게 바로 인간에게 지성이 존재하는 이유죠. 아이가 나쁜 말을 사용할 때는 위에 나열한 말의 3단계 수준을 언급하며 "그건 가장 나쁜 말이야"라고 분명하게 알려 줘야 합니다. 그래야 스스로 인지하며 사용하지 않으려는 의지를 갖게 됩니다. 나쁜 것을 확실하게 인지해야 의지를 더욱 강하게 다질 수 있고 스스로를 바꿀 수 있습니다. 이런 경험은 아이의 삶에서 매우 중요합니다. 자신이 사용하는 언어를 자신의 의지대로 제어하고 구성할 줄 아는 아이가 어떤 일이든 해낼 수 있습니다.

꼭 기억해 주세요.

"나쁜 것에는 누구나 쉽게 빠지지만,
좋은 것을 가지려면 의지가 필요합니다."

학교에서 돌아온 아이에게 이렇게 말하면 공부 자신감이 자라납니다

아이들에게 학교나 학원은 매우 중요한 장소입니다. 하루의 기분을 결정하고 삶의 태도를 완성하는 곳이죠. 배우는 자세와 태도, 친구들과의 소통과 관계, 사람들 사이에서 보여주는 기품과 예절이 자리 잡히는 시기라서 더욱 중요합니다. 그래서 이런 말은 특히 좋지 않아요.

"오늘은 뭐 배웠어?"

"떠들지 않고 집중했지?"

"놀지 말고, 숙제 먼저하고!"

"너 학원 보내려고,

우리가 얼마나 고생하는데!"

물론 학교나 학원은 배우는 장소입니다. 하지만 이런 방식의 접근은 아이에게 학교나 학원을 가기 싫은 곳으로 만들죠. 반대로 아이가 학교나 학원에서 돌아왔을 때 부모가 그 모든 것을 안아줄 수 있는 말을 적절히 들려준다면, 아이의 모든 능력은 점점 나아지게 됩니다. 동시에 하루를 근사하게 보낼 수 있게 되지요. 다음에 소개하는 말을 기억해 아이와 나눠 주세요.

"오늘은 어떤 일이 널 즐겁게 해줬니?
네 이야기가 궁금하다."

"기분 나쁜 일이 있었다면 잊자.
내일이 되면 기억도 나지 않을 거야."

"배고프지? 맛있는 간식 줄게.
뭘 먹으면 더 행복할 것 같아?"

"'난 지금 멋지게 성장하고 있다.'
이렇게 생각하면 기분까지 좋아져.
매일 너 자신에게 들려주면 좋을 거야."

"오늘은 어제보다 더 멋지네(예쁘네).
너만 보고 있으면 내 기분도 좋아져."

"오늘은 어떤 실수를 했니?
매번 다른 실수를 하며 우리는
매번 다른 깨달음을 얻을 수 있어."

"학교에서 돌아온 널 볼 때마다
자랑스러운 마음이 들어.
이렇게 씩씩하게 잘 자라줬으니까."

"친구들이랑 무슨 이야기 나눴어?
기억에 남는 이야기 있으면 들려줄래?"

"결국 하루하루 반복한 일이 쌓여서
너의 모든 것을 만드는 거야.
그래서 지금 이 순간이 소중한 거지."

"다양한 상황에서
지치고 힘들 때도 있지.
하지만 그건 더 큰 내가 되는

소중한 과정이란다."

"정말 힘들 땐 우는 것도 좋아.
하지만 혼자서 울지는 마.
엄마가 늘 곁에 있으니까."

학교에서 기분 나쁜 일을 겪어 집에 돌아오자마자 방에 들어가 소리를 지를 수도 있고, 아예 부모의 말에 답도 하지 않을 수 있습니다. 그럴 때는 아이에게 혼자 생각할 시간을 충분히 준 다음에, 위에 소개한 말을 들려주면 됩니다. 불안과 혼란스러운 감정은 생각이라는 지적인 휴식을 통해 조금씩 사라지니까요. 뭐든 서둘러서 해결하려는 마음만 버리면, 누구나 아이의 하루를 근사하게 만들 수 있습니다.

그게 왜 중요한지 굳이 말하지 않아도 아시지요? 무언가를 끝내고 돌아올 때마다, 아이가 스스로 어제와 무엇이 달라졌는지 발견하고 깨달을 수 있다면 아이가 맞이할 내일은 더욱 근사하게 바뀔 것입니다. 하루하루 나아진다는 의미이니까요. 그렇게 만든 귀한 하루들이 아이의 자신감을 만들어 나가죠. 위에 나열한 말들은 바로 그 귀한 하루를 만드는 데 현실적으로 도움이 되니, 아름답게 활용해 주세요.

연말 연초에 아이에게 들려주면
성장하는 한 해를 보낼 수 있는 말

연말 연초에 아이에게 좋은 말을 들려주는 게 중요한 이유는, 어떤 일을 끝내고 시작하는 것이 아이의 지적 성장에 매우 중요한 역할을 하기 때문입니다. 아름답게 마무리할 수 있다는 기쁨과 새롭게 시작할 수 있는 용기를 동시에 줄 수 있으니까요. 아이에게 아래에 소개하는 말을 들려주며 따스한 마음도 함께 전해 주세요.

"시작과 끝을
하나로 연결할 수 있다면,

우리는 언제나 행복할 수 있어."

"새로운 일을 시작하는 용기 속에
모든 기적이 숨어 있단다."

"연말이 되니까 어때?
새로운 한 해도
우리 멋지게 살아보자!"

"용기를 낼 수 있다면
뭐든 이룰 수 있어."

"올해 가장 기억에 남는 게 뭐였니?
좋은 것들만 기억하며
새로운 한 해를 즐기자."

"나도 모르는 사이에 찾아온 나쁜 기분이
삶을 대하는 나쁜 태도가 되지 않도록
늘 좋은 마음으로 시작하자."

"올해 네가 했던 모든 노력은

내년에 좋은 소식으로 돌아올 거야."

"가장 멋지게 일을 끝낸 사람이
다시 멋진 일을 시작할 수 있어."

"지난 한 해를 후회할 필요는 없어.
새로운 한 해를 멋지게 시작하면 되니까."

"새해에 가장 하고 싶은 게 뭐야?
네가 꿈꾸는 게 이루어지길
우리도 늘 기도할게."

"한 걸음 한 걸음 걷다 보면
결국 꿈에 도착하게 될 거야."

"새해에는 분명 모든 것이
올해보다 더 좋아질 거야!"

한마디 말은 결코 한마디 말로 끝나지 않습니다. 적절한 시기에 들려준 부모의 말은 아이의 생각을 결정하며, 그렇게 아이는 세상을 바라보는 시각을 갖추게 되죠. 그래서 학업이나 교과 과정, 관계나 학원 등 모든 것이 끝남과 동시에 시작되는 연말 연초에는 더욱 아이들에게 필요한 적절한 말을 들려주는 게 좋습니다. 우리는 모두 알고 있습니다. 스스로 시작할 수 있는 자만이 그것을 스스로 끝낼 수도 있다는 사실을 말이죠. 아이에게 시작과 끝에 담겨 있는 의미를 전달하는 건 그래서 매우 중요합니다. 부모의 말을 통해 아이가 자신의 시작과 끝을 하나로 연결할 수 있다면, 언제나 가장 큰 기쁨과 행복을 내면에 담아 멈추지 않고 성장할 수 있습니다.

엄마들 모임에서 반드시 걸러야 할
15가지 유형의 사람

아이들이 입학하게 되면 각종 정보를 얻거나 친목을 다지기 위한 목적으로 엄마들 모임을 시작합니다. 그러나 시작부터 왠지 모를 엄청난 기운을 느끼죠. 맞아요. 세상 그 어떤 모임에서도 찾아볼 수 없는 팽팽한 기 싸움이 벌어지기 때문입니다. 그건 나쁜 것도 좋은 것도 아닙니다. 처음 만나는 관계에서 나타나는 매우 자연스러운 과정이니까요. 다만 이 사실은 꼭 기억할 필요가 있습니다.

"내가 스스로 불편하다고 느끼면서,

굳이 엄마들 모임에 나갈 필요는 없다."

어디에 가든 내 마음이 편해야 합니다. 그래야 그 안에서 좋은 기운을 받아들여 가정에 행복을 더할 수 있습니다. 마음이 불편한 모임에서 들은 정보와 이야기를 바탕으로 대화하다 보면, 자신도 모르게 아이에게 부정적인 영향을 주기 쉽죠. 다른 집 아이와 비교하게 되거나 어른들 일이 아이들에게까지 번지는 일이 생깁니다.

만약 엄마들 모임에서 이런 사람을 만나게 된다면, 그 사람은 피하는 게 좋습니다. 아이를 위한 것이지만, 먼저 중요한 건 부모의 기분입니다. 부모 마음이 편해야 아이의 마음도 편할 수 있어요.

① 다른 집의 힘든 이야기를 마음대로 하는 사람
② 슬픔을 나눴는데 약점으로 활용하는 사람
③ 괜히 첫 느낌부터 안 좋은 사람
④ 급하게 친해지려고 다가오는 사람
⑤ 자리에 없는 집의 아이를 평가하는 사람
⑥ 자꾸 억지로 편을 가르는 사람
⑦ 주변에 분쟁과 싸움이 끊이지 않는 사람
⑧ 아이 성적이 낮다고 무시하는 사람

⑨ 사사건건 나타나서 참견하는 사람

⑩ 사람 구분해서 정보 공유하는 사람

⑪ 생각만 해도 저절로 피곤해지는 사람

⑫ 정보만 얻고 의무와 책임은 모른 척하는 사람

⑬ 강요 아닌 강요를 자꾸 요구하는 사람

⑭ 서열을 정하고 주눅 들게 만드는 사람

⑮ 이간질하면서 거짓말을 일삼는 사람

모임에서 많은 정보를 얻을 수 있지만, 정말 중요한 건 아이와 나누는 시간입니다. 모임에 전혀 나가지 않고도 아이를 멋지게 키운 부모님도 많이 계시니까요. 뭐든 내게 스트레스가 된다면 다시 생각할 필요가 있습니다.

무엇보다 내 마음이 편해야 합니다. 어떤 정보와 친목보다, 부모가 좋은 기분을 유지하는 게 가장 중요하다는 사실을 기억해주세요.

"세상에서 가장 소중한 정보는
당신을 사랑스럽게 바라보는
아이의 두 눈 속에 있습니다."

"아이가 참 의젓하네요"라는 말에 "공부나 잘하면 좋을 텐데"라고 답한다면

왜 이럴까요? 상대방은 아이를 칭찬하는데, 오히려 반대로 부모는 부정적인 부분을 지적하는 이런 식의 대화는 일상에서 정말 자주 이루어지고 있죠. 이런 상황도 있습니다.

"아이가 참 예쁘네,

어쩜 이렇게 예쁠까."

라는 주변 사람의 말에 이렇게 답하는 거죠.

"예쁘긴 뭐가 예뻐요!

요즘 공부를 안 해서 걱정이에요.

공부 좀 해라, 이 녀석아!"

아이와 함께 지나가다가 마트에서 혹은 거리에서 우연히 만난 지인이나 사람들에게 아이의 칭찬을 들으면, 이렇게 아이의 단점을 지적하는 방식으로 답변하는 부모님을 자주 보게 됩니다. 물론 칭찬이 듣기 민망해서, 또는 아이의 나쁜 습관과 태도를 고치고 싶은 부모의 마음은 이해합니다. 하지만 이런 방식의 대화는 아이의 탄탄한 내면 형성에 매우 좋지 않은 영향을 미칩니다. 옆에서 이야기를 듣고 있는 아이는 이런 생각을 하게 되죠.

'부모님은 왜 늘 내 가장 안 좋은 부분만 기억해서, 그것도 다른 사람들 앞에서 공개적으로 말하는 걸까? 우리 부모님은 날 사랑하지 않는 게 아닐까? 사랑한다면 그렇게 나쁜 것만 기억하고 공개적으로 망신을 주지 않겠지.'

아이는 결국 이런 상태가 됩니다.

부모님에 대한 실망

↓

자신에 대한 믿음이 사라짐

↓

스스로를 쓸모없는 존재로 인식

↓

평생 재능을 꺼내지 못하게 됨

아이와 대화를 나눌 때 주변에 사람이 있다면, 평소보다 더 신경을 써서 말해야 합니다. 이런 방식으로 표현을 바꿔서 해주세요. 그럼 부모를 향한 아이의 태도도 좋아지고, 아이도 스스로 자신감을 가지고 살아가게 됩니다.

"어머, 아이가 참 의젓하네요."
→ "좋은 이야기 해주셔서 감사해요.
저도 아이를 보며 늘 그렇게 생각해요.
의젓하게 커 줘서 감사하죠."

"아이가 참 예쁘네,
어쩜 이렇게 예쁠까."
→ "우리 아이를 예쁜 눈으로
바라봐 주셔서 감사해요.
제 눈에도 참 예뻐요.
그래서 늘 행복하답니다."

모든 마음에는 '기품'이라는 것이 있어요. 아이에게 주려는 부모의 마음 역시 그렇죠. 고귀한 기품은 부모의 마음 밖으로 흘러나와 지금도 아이의 내면에 끝없이 쌓이고 있습니다. 몸에 뿌린 향수가 우리의 코를 기분 좋게 자극하는 것처럼, 부모가 자신의 말에 담은 고귀한 기품은 아이의 내면 속에 들어와 희망의 향기를 가득 머금게 해줍니다. 좋은 것을 주려는 마음만 갖고 있다면, 그 언어 속에서 아이는 자신감을 잃지 않고 끝없이 성장할 수 있습니다.

부모의 아이에 대한 믿음과
차분한 마음이 먼저입니다

아이를 교육한다는 건 인생이 내게 들려주는 작은 속삭임에 가만히 귀를 기울이는 일입니다. 부모가 차분한 마음을 유지하지 못한다면, 지금 이 순간에도 사랑스러운 표정으로 속삭이는 아이의 음성을 들을 수 없죠. 맞아요. 결코 쉬운 일은 아닙니다. 아무리 마음을 차분하게 유지하려고 해도, 아이와의 시간은 참 힘듭니다. 하루 종일 이것저것 신경을 써야 하니까요.

'아이를 조금 더 일찍 낳을걸.'

'결혼을 조금 늦게 할걸.'

'미안하지만 둘째는 낳지 말걸.'

'그때 둘째를 낳았어야 했는데.'

아이의 공부 문제를 고민하다 보면 금방 이런저런 생각에 휩싸이기 쉽습니다. 그럴 때 우리는 차분한 마음을 잃게 됩니다.

'이렇게 하는 게 맞나?'

'이게 정말 아이를 위한 일일까?'

하지만 그럴 때마다 우리는 이 사실을 기억하며 스스로 나아져야 합니다.

"내가 사랑으로 보낸 시간은
결코 사라지는 시간이 아니다.
내 아이의 사랑스러운 두 눈과
저 아름다운 마음이
모두 기억하고 있으니까."

아이의 삶에서 중요한 것은 시험에서 받은 높은 점수가 아니라, 목표를 세우고 열심히 해낸 기억이죠. 그 기억이 다시 아이를 도전하게 만들고 자기 삶에 대한 자부심을 갖게 해주니까요. 숫자는 금방 사라지지만 기억은 오랫동안 남아 자신을 빛내죠.

우리 결과를 먼저 생각하지 말아요. 이렇게 교육해야 한다, 저 학원에 보내야 한다, 이런 공부법이 좋다, 그런 식의 주변에서 남발하는 온갖 간섭과 서툰 조언에 흔들리지 마세요. 당신이 스스로 세운 계획을 매일 하나하나 실천하고 살아가며 열심히 해낸 기억이 가장 소중하니까요. 그리고 이번에는 아이가 아닌 자신에게 이런 이야기를 들려주세요.

"나는 충분히 잘하고 있어.
이런저런 이야기에 흔들리지 말자."

"울고 싶을 땐 마음껏 울자.
울 수 있어야 내 인생이니까."

"너무 서두르지 말고 차분하게 기다리자.
사랑하는 사람은 믿고 기다리는 법이니까."

자녀를 교육함에 정답은 없습니다. 당신이 사랑하며 보낸 시간이 아이를 위한 가장 아름다운 정답입니다. 부모가 아이에 대한 믿음과 흔들리지 않는 차분한 마음을 가질 때, 아이는 자신감을 잃지 않고 끝까지 공부해 낼 수 있습니다.

공부 문제로 실랑이하지 않고
아이를 후회 없이 교육하는 9가지 방법

1.

'내가 아이를 바꾸겠다'라는 생각을 버리는 게 좋습니다. 바꾸는 게 아니라 스스로 바뀌는 것이기 때문이죠. 부모가 무언가를 보여 줬을 때 아이는 생각하죠. '아, 나도 저 모습이 참 좋다. 멋지다.' 그럼 아이는 당신의 모습을 보며 바뀔 결심을 하게 됩니다. 바꾸는 게 아니라 '바뀌는' 것이라는 사실을 기억해 주세요.

2.

예쁘게 말할 수 있는데, 굳이 못되게 꼬아서 말하지 마세요.

간혹 그날 부모의 기분이 아이를 대하는 태도를 결정할 때가 있습니다. 부모도 늘 마음이 흔들리는 존재이기 때문에 어쩔 수 없습니다. 다만 그럼에도 늘 아이와의 모든 순간이 소중하다는 사실을 자각하며 가장 예쁜 말을 꺼내서 들려준다고 생각하시는 게 좋습니다.

3.

필요하다고 생각한다면 일단 시작하세요. "7살도 할 수 있을까요?", "아이가 그걸 이해할 수 있을까요?"라는 질문은 '불가능'에서 나온 표현이라 좋지 않아요. 좋다고 느낀다면 대신 이런 질문으로 접근해 주세요. "이걸 7살에게 적용하려면 어떻게 해야 할까?", "내 아이가 이해하려면 어떤 방법이 필요할까?" 방법은 찾으면 나옵니다.

4.

주변에 늘 반기를 드는 사람이 있다면 멀리하세요. 이런 말을 하는 사람들이죠. "아직도 그 학원 다녀? 다른 곳으로 옮겨!", "요즘 다들 이거 하는 거 몰라? 너 아무것도 모르는구나." 이런 사람은 굳이 곁에 둘 필요가 없습니다. 전혀 인생에 도움이 되지 않으며 분쟁만 만드는 사람이니까요.

5.

불평과 불만은 아이들에게 최악의 영향을 미칩니다. 바로 이런 식의 표현이죠. "내 인생이 뭐 어쩔 수 없지.", "내 형편에 뭘 바라겠냐.", "자식 복도 지지리도 없고, 살아서 뭐 하겠냐." 듣기만 해도 기분이 나빠지며 삶의 의욕까지 사라지는 말이죠. 아이가 들으면 어떻겠어요? 이런 말은 속으로도 하지 않는 게 좋습니다. 불평과 불만으로 해결할 수 있는 문제는 하나도 없습니다.

6.

아이에게 특별한 무언가를 요구할 필요는 없습니다. 모든 아이는 이미 가정에서 특별한 존재이기 때문이죠. 중요한 건 주어진 일에 최선을 다하는 태도입니다. 그 태도가 아이를 자기 삶의 주인공으로 만들어 줍니다. 이것저것 자꾸만 시키지 마시고, 아이가 스스로 무언가를 선택해서 끝까지 주도할 수 있게 곁에서 지켜봐 주세요.

7.

아이를 사랑한다는 것은 무엇을 의미하는 걸까요? 답은 자유입니다. 아이의 자유를 소중하게 여길 때 우리는 아이를 사랑한다고 말할 수 있어요. 억압과 지시 그리고 명령은 사랑의 언어가 아닙니다. 늘 아이가 스스로 선택할 수 있게 해주세요. "이게 좋겠다.", "저걸 선택하자.", "모든 게 다 널 위한 거야"라는 말 대신에 이렇게 선택의 자유를 줄 수 있는 말을 하는 게 좋습니다. "세상에는 이런 게 있고 저런 것도 있는데, 넌 어떻게 생각하니?"

8.

부모가 자신의 생각과 결론을 너무 강요하지 않는 게 아이의 공부머리가 성장하는 데 좋습니다. 사고와 지성이 올바르게 자리를 잡기 위해서는 생각하는 시간이 중요하기 때문이죠. 간섭과 개입을 분리해서 생각하면 좋아요. 개입은 해야 하지만, 간섭은 좋지 않습니다. 포인트는 바로 이것입니다.

"아이들의 의견을 먼저 묻고, 다음에 내 의견을 말하기"

9.

지금 이럴 때가 아닌데, 아이가 태평하게 만화책을 읽거나 게임을 하고 있을 때 부모의 마음은 무너집니다. 화를 내면서 "다들 공부한다고 눈에 불을 켜고 있는데, 지금 네가 그럴 때야!"라고 말하고 싶어지죠. 물론 그런 지적도 부모의 역할입니다. 하지만 그것보다 더 자주 이런 모습을 보여 주는 게 좋습니다. 조용히 다가가 아이를 꽉 안아주는 거죠. 심장과 심장이 서로 닿으면서 전해지는 그 무엇이 분명 있습니다. 아이가 그걸 모를 수 없겠죠. 말보다 진한 그 사랑을 자주 전해 주세요.

한 아이의 삶을 기적처럼 바꾼
아버지의 한마디

여기에서 소개하는 모든 공부머리 대화법이 녹아 있는 교육을 받았던 대표적인 인물을 소개합니다. 그녀의 이름은 익숙하겠지만, 그녀에게 이런 부모님이 계셨다는 사실은 아마 많이 알려지지 않은 정보일 겁니다.

이야기의 주인공은 바로 백의의 천사 '나이팅게일'입니다. '간호사'와 '헌신', 그리고 '백의의 천사'를 동시에 떠올리면 누구든 바로 나이팅게일을 생각하게 되죠. 다양한 분야에서 뛰어난 활약을 했던 그녀는 직업인을 넘어선 한 명의 위대한 인물이었습니다. 교육자, 정치가, 행정가로 자신의 능력을 펼쳤으며 결정적으로 통계학자로서의 명성은 그녀에게 1859년 영국 왕립통계학회의 첫 번째 여성 회원이 되는 영광을 주었죠. 덕분에 미국 통계학회의 명예 회원으로 추대되기도 했습니다.

이 모든 뛰어난 능력은 어린 시절 받은 아버지로부터의 교육을 통해 시작되었습니다. 라틴어, 영어, 불어를 비롯한 각국의 언어와 지리학 등 다양한 학문을 배웠는데, 모든 아이가 그렇듯 어린 시절의 그녀도 공부를 즐기던 아이는 아니었어요. 어디에서나 볼 수 있는 보통의 아이처럼 공부보다는 노는 것을 좋아했습니다. 하지만 그런 그녀에게 결정적인 변화의 순간이 찾아왔습니다. 바로 '아버지와의 대화'가 그것입니다. 중요한 장면 두 개가 있는데, 첫 장면을 먼저 소개합니다.

하루는 어린 나이팅게일이 길에서 낯선 광경을 봤어요. 보기만 해도 허름한 옷을 입은 여자가 먹을 것을 구걸하는 모습을 본 거죠. 이해하지 못할 광경을 보며 그녀는 아버지에게 그 이유를 물었죠.

"저 사람은 왜 구걸을 하고 있나요?"

그러자 나이팅게일의 아버지는 이렇게 답하죠.

"안타깝게도 가난해서 그렇단다."

그녀는 다시 물었죠.

"어떻게 해야 저 사람을 도울 수 있을까요?"

아버지는 확신에 찬 음성으로 답하죠.

"네가 도울 수 있을 만한 무언가를 갖고 있어야지.

공부를 통해서 그것들을 갖출 수 있단다."

바로 그때 지금 우리가 알고 있는 그녀가 탄생한 거죠.

"세상에는 나보다 어려운 사람이 참 많구나.

그 사람들을 도우면서 살아야겠다."

훗날 17살이 된 그녀는 일기장에 이런 글을 적게 됩니다.

"세상이 나에게 이렇게 말했습니다.

'큰일이 너를 기다리고 있단다'라고요."

이번에는 두 번째 이야기입니다. 먼저 나이팅게일이 백의의 천사가 될 수 있었던 이유에는, 의학적인 지식보다 수학 실력이 더 많은 영향을 미쳤다는 사실은 이미 알고 있는 사람이 많죠. 그럼 이런 질문이 나올 수밖에 없어요.

'어, 공부를 좋아하지 않았다고 했잖아?'

'그럼, 그녀의 수학 실력은 타고난 걸까?'

'역사에 조금 과장이 있었던 것 아닐까?'

앞서 언급한 것처럼 나이팅게일이 이룬 모든 위대한 결과는 아버지의 한마디에서 시작되었습니다. 그날도 마찬가지였어요. 다른 아이들처럼 수학을 유독 싫어했던 어린 나이팅게일은 아버지와 이런 식의 대화를 나누기 시작했던 거죠.

"수학은 꼭 열심히 공부해야 한단다."

하지만 당시 여자들에게는 수학을 비롯하여 거의 공부를 시키지 않는 게 사회적인 분위기였습니다. 게다가 그때 영국 여성들은 학교에서 교육받는 것이 금지돼 있어 나이팅게일의 아버지는 딸을 직접 가르치기도 했죠. 이에 그녀는 아버지의 조언에 이렇게 응수했어요.

"여자들이 배우지 않는 수학을 제가 군이 배워야 할까요?"

아버지는 차분하지만 매우 단호한 목소리로 이렇게 답했습니다.

"여자로만 머물고 싶다면 배우지 않아도 된단다.

하지만 너에게 큰 꿈이 있다면 이야기는 달라지지."

그녀의 인생은 아버지와의 대화 이전과 이후로 나눌 수 있죠. 이후 가족과 떠난 여행에서 어린 나이팅게일은 이전에 하지 않았던 행동을 하기 시작했어요. 숫자로 정보를 정리하는 일을 즐겼으며, 18세기 유럽의 귀족 자녀들이 문화를 공부하기 위해 떠난 '그랜드 투어Grand Tour'의 경로를 따라 가족과 함께 유럽으로 여행을 갈 때, 누가 시킨 것도 아니었는데 혼자의 힘으로 매일 여행한 거리를 계산했습니다. 배워야 하는 이유를 찾고 공부에 관심을 갖자 주변에 보이는 것들이 모두 전과 다르게 느껴진 것입니다. 여행 때마다 스스로 생각한 문제를 풀기 위해 출발한 시각과 도착한 시각을 섬세하게 기록했으며, 여행한 지방의 법률과 토지 관리 체계를 분석하는 동시에 주변 복지기관을 관찰한 결과를 통계로 완성했습니다.

이 모든 변화가 아버지와의 대화에서 시작된 것입니다. 만약 그때 그녀의 아버지가 그 한마디를 떠올리지 못하고 스쳤다면, 우리가 알고 있는 나이팅게일은 존재하지 않았을 수도 있어요. 부모의 한마디 말이 아이의 삶을 이전과 이후로 비교할 정도로 위대하게 바꾼 것입니다. 정말 귀한 메시지를 그녀의 아버지가 남긴 말을 통해 깨닫게 됩니다. 이런 상상을 한번 해 보죠.

"만약 우리 아이에게 그런 말을 매일 들려줄 수 있다면 얼마나 좋을까?"

당신도 충분히 할 수 있습니다. 우리는 늘 기억해야 합니다.

"말이 부모 입술에 머무는 시간은
아무리 길어도 '10초'를 넘지 않지만,
아이의 가슴속에는 '10년'도 넘게 남아
아이에게 결정적인 영향을 미칩니다.
부모의 말이 아이가 살아갈 길입니다."

스스로 질문하고 배우고 깨닫는 아이로 키우는
하루 한 문장 부모 대화의 비밀

66일 공부머리 대화법

초판 1쇄 발행 2023년 12월 11일
초판 2쇄 발행 2023년 12월 29일

지은이 김종원
펴낸이 민혜영
펴낸곳 (주)카시오페아 출판사
주소 서울시 마포구 월드컵북로 402, 906호
전화 02-303-5580 | **팩스** 02-2179-8768
홈페이지 www.cassiopeiabook.com | **전자우편** editor@cassiopeiabook.com
출판등록 2012년 12월 27일 제2014-000277호

ⓒ김종원, 2023
ISBN 979-11-6827-161-6 03590

• 잘못된 책은 구입하신 곳에서 바꿔드립니다.
• 책값은 뒤표지에 있습니다.